电梯安全管理与作业人员安全培训考核系列教材

电梯安全管理与使用

卢保中　主编

中国劳动社会保障出版社

内容介绍

全书共四章，分别为电梯基础知识、电梯专业知识、电梯安全管理与安全技术知识、电梯安全法规知识。

本书介绍的国家标准和安全技术规范均为本书截稿前现行标准和规范。

本书旨在配合从事电梯作业的安全管理人员掌握考试取证的知识，可作为特种设备安全管理人员考试的培训资料，用于培训机构对电梯作业安全管理人员培训。

本书可作为电梯使用单位的培训辅导教材，还可用于从事电梯作业安全管理人员的日常学习用书，也可作为相关专业人员的学习用书。

图书在版编目(CIP)数据

电梯安全管理与使用/卢保中主编. -- 北京：中国劳动社会保障出版社，2021

电梯安全管理与作业人员安全培训考核系列教材

ISBN 978-7-5167-1277-1

Ⅰ.①电… Ⅱ.①卢… Ⅲ.①电梯-安全管理-安全培训-教材 Ⅳ.①TU857

中国版本图书馆 CIP 数据核字(2021)第 032473 号

中国劳动社会保障出版社出版发行

(北京市惠新东街 1 号　邮政编码：100029)

*

三河市华骏印务包装有限公司印刷装订　新华书店经销

787 毫米×1092 毫米　16 开本　11.5 印张　270 千字

2021 年 3 月第 1 版　2021 年 3 月第 1 次印刷

定价：35.00 元

读者服务部电话：(010) 64929211/84209101/64921644

营销中心电话：(010) 64962347

出版社网址：http://www.class.com.cn

目　录

CONTENTS

第一章　电梯基础知识

本章共三节，内容包括电梯概述、电梯分类、电梯术语。

第一节　电梯概述

一、电梯的定义及其特征

1. 电梯的定义

《电梯、自动扶梯、自动人行道术语》（GB/T 7024—2008）对电梯的定义有如下规定：

（1）电梯：服务于建筑物内若干特定的楼层，其轿厢在至少两列垂直于水平面或与铅垂线倾斜角小于15°的刚性导轨运动的永久运输设备。

（2）自动扶梯：带有循环运行梯级，用于向上或向下倾斜输送乘客的固定电力驱动设备。

（3）自动人行道：带有循环运行（板式或带式）走道，用于水平或倾斜角不大于12°输送乘客的固定电力驱动设备。

2014年10月30日，国家质量监督检验检疫总局发布《质检总局关于修订〈特种设备目录〉的公告》（2014年第114号）。《特种设备目录》对电梯的定义，是指动力驱动，利用沿刚性导轨运行的箱体或者沿固定线路运行的梯级（踏步），进行升降或者平行运送人、货物的机电设备，包括载人（货）电梯、自动扶梯、自动人行道等。非公共场所安装且仅供单一家庭使用的电梯除外。

2. 电梯的特征

《特种设备目录》把电梯、自动扶梯、自动人行道合并为电梯一个定义，由此定义可将电梯的特征归纳为以下几点：

（1）驱动方式——动力驱动。

（2）运行方式——利用刚性导轨或固定线路升降或者平行运送。

（3）载重方式——轿厢或梯级（踏步）。

（4）运输对象——人或货物。

（5）设备类属——机电设备。

本书按照国家标准定义的电梯、自动扶梯和自动人行道进行阐述。

二、电梯的结构组成

1. 曳引驱动电梯的结构组成

曳引驱动电梯包括八大系统：曳引系统、导向系统、轿厢系统、门系统、重量平衡系统、驱动系统、控制系统和安全保护系统。各系统组成在第二章具体介绍。

曳引驱动电梯的结构组成如图 1-1 所示。

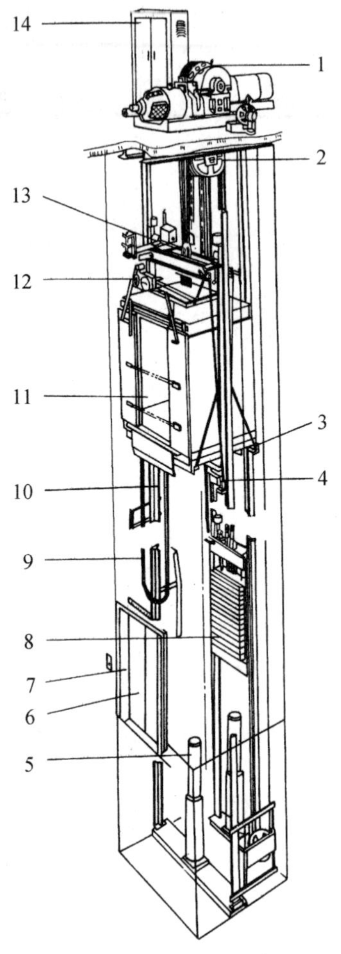

图 1-1　曳引驱动电梯的结构组成

1—曳引机　2—导向滑轮　3—超载装置　4—安全钳　5—缓冲器　6—厅门　7—厅门套框　8—对重
9—轿厢电缆　10—导轨　11—轿厢　12—自动门机构　13—轿厢导靴　14—电气控制柜

2. 自动扶梯的结构组成

自动扶梯包括四大系统：梯路系统、扶手系统、驱动系统和安全保护系统。

（1）梯路系统包括桁架、梯级、梯级导轨、梳齿板等。

（2）扶手系统包括扶手驱动装置、扶手带、护壁板、围裙板、内外盖板等。

（3）驱动系统包括控制柜、驱动主机、减速器、制动器、驱动主轴、驱动链条等。

（4）安全保护系统包括扶手带入口保护装置、梯级踏板或胶带的驱动元件保护装置、驱动装置与转向装置之间的距离缩短保护装置、梯级或踏板的下陷保护装置、梯级或踏板的缺失保护装置、检修盖板和上下盖板保护装置、制动器松闸故障保护装置、超速保护装置、非操纵逆转保护装置、扶手带速度偏离保护装置、断相和错相保护装置、紧急停止装置等。

自动扶梯的结构组成如图 1-2 所示。

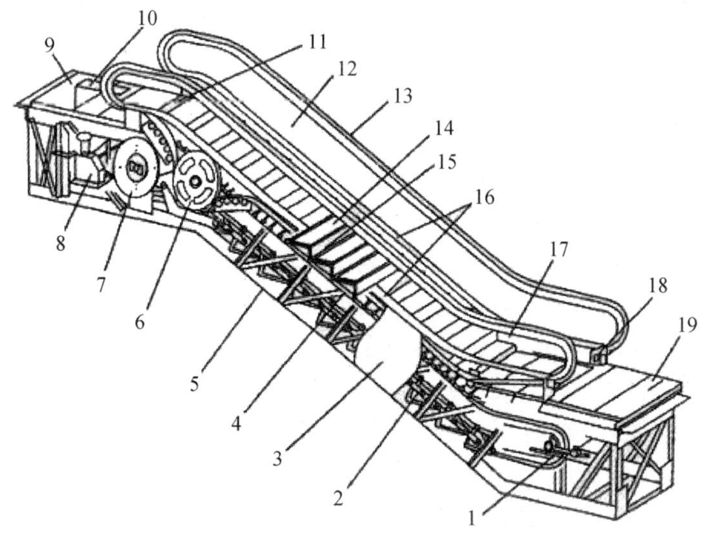

图 1-2　自动扶梯的结构组成

1—下转向部　2—梯级导轨　3—外装饰板　4—梯级链　5—桁架　6—扶手驱动装置　7—转向链轮　8—驱动主机　9—上部层盖板　10—控制柜　11—梳齿板　12—护壁板　13—扶手带　14—梯级　15—梯级轴组立件　16—栏杆（内外盖板）　17—围裙板　18—操作面板　19—下部层盖板

第二节　电梯分类

电梯分类的方法有多种，本节介绍其中 4 种分类方法。

一、按照特种设备管理的电梯类型及其品种

纳入《特种设备目录》的电梯，划分为以下 4 类 10 个品种：

（1）曳引与强制驱动电梯：包括曳引驱动乘客电梯、曳引驱动载货电梯和强制驱动载货电梯 3 个品种。

（2）液压驱动电梯：包括液压乘客电梯和液压载货电梯 2 个品种。

（3）自动扶梯与自动人行道：包括自动扶梯和自动人行道 2 个品种。

（4）其他类型电梯：包括防爆电梯、消防员电梯和杂物电梯 3 个品种。

二、国家标准划分的电梯类型

《电梯主参数及轿厢、井道、机房的型式与尺寸　第 1 部分：Ⅰ、Ⅱ、Ⅲ、Ⅵ类电梯》（GB/T 7025.1—2008）将电梯划分为 6 类：

（1）Ⅰ类电梯：为运送乘客而设计的电梯。

（2）Ⅱ类电梯：主要为运送乘客，同时也可运送货物而设计的电梯。Ⅱ类电梯与Ⅰ类、Ⅲ类和Ⅵ类电梯的本质区别在于轿厢内的装饰。

（3）Ⅲ类电梯：为运送病床（包括病人）及医疗设备而设计的电梯。

（4）Ⅳ类电梯：主要为运输通常由人伴随的货物而设计的电梯。

（5）Ⅴ类电梯：杂物电梯。

（6）Ⅵ类电梯：为适应大交通流量和频繁使用而特别设计的电梯，如速度不小于2.5 m/s的电梯。

三、按用途划分的电梯类型

电梯按照用途，可划分为以下12类：

（1）乘客电梯：为运送乘客而设计的电梯。

（2）载货电梯：货客电梯，主要运送货物，同时允许有人员伴随的电梯。

（3）客货电梯：以运送乘客为主，可同时运送非集中载荷货物的电梯。

（4）病床电梯、医用电梯：运送病床（包括病人）及相关医疗设备的电梯。

（5）住宅电梯：服务于住宅楼供公众使用的电梯。

（6）杂物电梯：服务于规定层站固定式提升装置，具有一个轿厢，由于结构型式和尺寸的关系，轿厢内不允许人员进入。

（7）船用电梯：船舶上使用的电梯。

（8）防爆电梯：采取适当措施，可以应用于有爆炸危险场所的电梯。

（9）消防电梯：设置在建筑的耐火封闭结构内，具有前室和备用电源，在正常情况下为普通乘客使用，在建筑发生火灾时其附加的保护、控制和信号等功能可专供消防员使用的电梯。

（10）观光电梯：井道和轿厢壁至少有同一侧透明，乘客可观看轿厢外景物的电梯。

（11）非商用汽车电梯：其轿厢适于运载小型乘客汽车的电梯。

（12）家用电梯：安装在私人住宅中，仅供单一家庭成员使用的电梯。它也可安装在非单一家庭使用的建筑物内，作为单一家庭进入其住所的工具。

四、按驱动方式划分的电梯类型

（1）曳引驱动电梯：依靠摩擦力驱动的电梯。

（2）强制驱动电梯：用链或钢丝绳悬吊的非摩擦方式驱动的电梯。

（3）液压电梯：依靠液压驱动的电梯。

第三节　电梯术语

一、电梯的一般术语

电梯的一般术语见表1-1。

表1-1　　电梯的一般术语

术语	定义
额定乘客人数	电梯设计限定的最多允许乘客数量（包括司机在内）
额定载重量	电梯设计所规定的轿厢载重量
额定速度	电梯设计所规定的轿厢运行速度
检修速度	电梯检修运行时的速度

续表

术语	定义
提升高度	从底层端站地坎上表面至顶层端站地坎上表面之间的垂直距离
机房	安装一台或多台电梯驱动主机及其附属设备的专用房间
机房高度	机房内垂直于地板装饰面与天花板之间的最小距离
机房宽度	机房内平行于轿厢宽度方向测量的水平距离
机房深度	垂直于机房宽度的水平距离
辅助机房、隔层、滑轮间	因设计需要，在井道顶设置的房间，不用于安装驱动主机，可以作为隔音层，也可用于安装滑轮、限速器和电气设备等
层站	各楼层用于出入轿厢的地点
层站入口	在井道壁上的开口部分，它构成从层站到轿厢之间的通道
基站	轿厢无投入运行指令时停靠的层站。一般位于乘客进出最多并且方便撤离的建筑物大厅或底层端站
预定层站、待梯层站	并联或群控控制的电梯轿厢无运行指令时，指定停靠待命运行的层站
底层端站	最低的轿厢停靠站
顶层端站	最高的轿厢停靠站
层间距离	两个相邻停靠层站层门地坎之间的垂直距离
井道	保证轿厢、对重（平衡重）和（或）液压缸柱塞安全运行所需的建筑空间（井道空间通常以底坑底、井道壁和井道顶为边界）
单梯井道	只供一台电梯运行的井道
多梯井道	可供两台或两台以上电梯平行运行的井道
井道壁	用来隔开井道和其他场所的结构
井道宽度	平行于轿厢宽度方向测量的两井道内壁之间的水平距离
井道深度	垂直于井道宽度方向测量的井道壁内表面之间的水平距离
底坑	底层端站地面以下的井道部分
底坑深度	底层端站地坎上平面到井道底面之间的垂直距离
顶层高度	顶层端站地坎上平面到井道天花板（不包括任何超过轿厢轮廓线的滑轮）之间的垂直距离
井道内牛腿、加腋梁	位于各层站出入口下方井道内侧，供支撑层门地坎所用的建筑物突出部分
围井	船用电梯用的井道
围井出口	在船用电梯的围井上，水平或垂直设置的门口
开锁区域	层门地坎平面上、下延伸的一段区域。当轿厢停靠该层站，轿厢地坎平面在此区域内时，轿门、层门可联动开启
平层	在平层区域内，使轿厢地坎平面与层门地坎平面达到同一平面的运动
平层区	轿厢停靠站上方和（或）下方的一段有限区域。在此区域内可以用平层装置来使轿厢运行达到平层要求

续表

术语	定义
平层准确度	轿厢依控制系统指令到达目的层站停靠后，门完全打开，在没有负载变化的情况下，轿厢地坎上平面与层门地坎上平面之间铅垂方向的最大差值
平层保持精度	电梯装卸载过程中轿厢地坎和层站地坎间铅垂方向的最大差值
再平层	微动平层。当电梯停靠开门期间，由于负载变化，检测到轿厢地坎与层门地坎平层差距过大时，电梯自动运行使轿厢地坎与层门地坎再次平层的功能
轿厢出入口	在轿厢壁上的开口部分，它构成从轿厢到层站之间的正常通道
轿厢出入口宽度、开门宽度	层门和轿门完全打开时测量的出入口净宽度
轿厢出入口高度	层门和轿门完全打开时测量的出入口净高度
轿厢宽度	平行于设计规定的轿厢主出入口，在离地面以上 1 m 处测量的轿厢两内壁之间的水平距离，装饰、保护板或扶手都应当包含在该距离之内
轿厢深度	垂直于设计规定的轿厢主出入口，在离地面以上 1 m 处测量的轿厢两内壁之间的水平距离，装饰、保护板或扶手都应当包含在该距离之内
轿厢高度	在轿厢内测得的轿厢地板到轿厢结构的顶部之间的垂直距离，照明灯罩和可拆卸的吊顶应包括在上述距离之内
液压缓冲器工作行程	液压缓冲器柱塞端面受压后所移动的最大允许垂直距离
弹簧缓冲器工作行程	弹簧受压后变形的最大允许垂直距离
轿底间隙	轿厢使缓冲器完全压缩时，从底坑底面到安装在轿厢底下部最低构件的垂直距离（最低构件不包括导靴、滚轮、安全钳和护脚板）
轿顶间隙	对重使缓冲器完全压缩时，从轿厢顶部最高部分至井道顶部最低部分的垂直距离
对重装置顶部间隙	轿厢使缓冲器完全压缩时，对重装置最高的部分至井道顶部最低部分的垂直距离
电梯曳引型式	曳引机驱动的电梯，曳引机在井道上方（或上部）的为上置曳引型式，曳引机在井道侧面的为侧置曳引型式，曳引机在井道下方（或下部）的为下置曳引型式
电梯曳引绳曳引比	悬吊轿厢的钢丝绳根数与曳引轮轿厢侧下垂的钢丝绳根数之比

二、电梯的功能术语

电梯的功能术语见表 1–2。

表 1–2　电梯的功能术语

术语	定义
火灾应急返回	操纵消防开关或接受相应信号后，电梯将直驶回到设定楼层，进入停梯状态
消防员服务	操纵消防开关使电梯投入消防员专用状态的功能。在该状态下，电梯将直驶回到设定楼层后停梯，其后只允许经授权人员操作电梯
独立操作、专用服务	通过专用开关转换状态，电梯将只接受轿内指令，不响应层站召唤（外呼）的服务功能
紧急电源操作	当电梯正常电源断电时，电梯电源自动转接到用户的应急电源，群组轿厢按流程运行到设定层站，开门放出乘客后，按设计停运或保留部分运行

续表

术语	定义
自动救援操作、停电自动平层	当电梯正常电源断电时，经短暂延时后，电梯轿厢自动运行到附近层站，开门放出乘客，然后停靠在该层站等待电源恢复正常
防捣乱功能	当检测到轿内选层指令明显异常时，取消已登记的轿内运行指令的功能
地震管制	地震发生时，对电梯的运行做出管制，以保障电梯乘客安全的功能
运行次数计数器	对电梯的运行次数做出累计并显示的计数器
超载保护	电梯超载时，轿内发出音频或视频信号，并保持开门状态，不允许起动
满载直驶	轿厢载荷超过设定值时，电梯不响应沿途的层站召唤，按登记的轿内指令行驶
误指令消除	可以取消轿内误登记指令的功能
门受阻保护	当电梯在开、关门过程中受阻时，电梯门向相反方向动作的功能
提前开门	为提高运行效率，电梯进入开锁区域后，在平层过程中即进行开门动作的功能
驻停、退出运行	当启动此功能开关后，电梯不再响应任何层站召唤，在响应完轿内指令后，自动返回指定楼层停梯
语音报站	语音通报轿厢运行状况和楼层信息的功能
关门保护	在关门过程中，通过安装在轿厢门口的光电信号或机械保护装置，当探测到有人或物体在此区域时，立即重新开门
对接操作	在特定条件下，为了方便装卸货物的货梯，在采取了适当的安全措施之后，在轿门和层门均开启的情况下，在规定距离内，使轿厢从平层位置低速向上运行，与运载货物设备相接的操作
检修操作	在电梯检修状态下，手动操作检修控制装置使电梯轿厢以检修速度运行的操作
隔层停靠操作	相邻两台电梯共用一个候梯厅，其中一台电梯服务于偶数层站，而另一台电梯服务于奇数层站的操作

三、电梯的零部件术语

电梯的零部件术语见表 1–3。

表 1–3　　电梯的零部件术语

术语	定义
缓冲器	位于行程端部，用来吸收轿厢或对重动能的一种缓冲安全装置
液压缓冲器	以液体作为介质吸收轿厢或对重动能的一种耗能型缓冲器
弹簧缓冲器	以弹簧变形来吸收轿厢或对重动能的一种蓄能型缓冲器
非线性缓冲器	以非线性变形材料来吸收轿厢或对重动能的一种蓄能型缓冲器
减振器	用来减小电梯运行振动和噪声的装置
轿厢	电梯中用以运载乘客或其他载荷的箱形装置
轿底、轿厢底	在轿厢底部用于支承载荷的组件，包括地板、框架等构件

续表

术语	定义
轿壁、轿厢壁	与轿厢底、轿厢顶和轿厢门围成一个封闭空间的板形构件
轿顶、轿厢顶	在轿厢的上部，具有一定强度要求的顶盖
轿厢装饰顶	轿厢内顶部装饰部件
轿厢扶手	固定在轿厢内的扶手
轿厢防护栏杆	设置在轿顶上方、对检修人员起保护作用的构件
轿架、轿厢架	固定和支撑轿厢的框架
门机	使轿门和（或）层门开启或关闭的装置
检修门	开设在井道壁上，通向底坑或滑轮间，供检修人员使用的门
手动门	靠人力开关的轿门或层门
自动门	靠动力开关的轿门或层门
层门、厅门	设置在层站入口的门
防火层门、防火门	能防止或延缓炽热气体或火焰通过的一种层门
轿门、轿厢门	设置在轿厢入口的门
门保护装置——安全触板	在轿门关闭过程中，当有乘客或障碍物触及时，使轿门重新打开的机械式门保护装置
门保护装置——光幕	在轿门关闭过程中，当有乘客或物体通过轿门时，在轿门高度方向上的特定范围内可自动探测并发出信号使轿门重新打开的门保护装置
门保护装置——单光束保护装置、电眼	在轿门关闭过程中，当有乘客或物体通过轿门时，在轿门高度方向上的某一点或数个特定点可自动探测并发出信号使轿门重新打开的门保护装置
铰链门（外敞开式）	门的一侧为铰链连接，由井道向候梯厅方向开启的层门
栅栏门	可以折叠，关闭后成栅栏形状的层门或轿门
水平滑动门	沿门导轨和地坎槽水平滑动开启的门
中分门	层门或轿门门扇由门口中间分别向左、右开启的层门或轿门
旁开门	层门或轿门的门扇向同一侧开启的层门或轿门
左开门	站在层站面对轿厢，门扇向左方向开启的层门或轿门
右开门	站在层站面对轿厢，门扇向右方向开启的层门或轿门
中分多折门	层门或轿门门扇由门口中间分别向左、右两侧开启，每侧有数量相同的多个门扇的层门或轿门，门扇打开后成折叠状态，如中分四扇、中分六扇等
旁开多折门	有多个门扇，各门扇向同侧开启的层门或轿门
垂直滑动门	沿门两侧垂直门导轨滑动向上或向下开启的层门或轿门
垂直中分门	门扇由门口中间分别向上、下开启的层门或轿门
曳引绳补偿装置	用来补偿电梯运行时因曳引绳造成的轿厢和对重两侧重量不平衡的部件
补偿链装置	用金属链构成的曳引绳补偿装置

续表

术语	定义
补偿绳装置	用钢丝绳和张紧轮构成的曳引绳补偿装置
补偿绳防跳装置	当补偿绳张紧装置由于惯性作用超出限定位置时，能使曳引机停止运转的安全装置
地坎	轿厢或层门入口处的带槽踏板
轿顶检修装置	设置在轿顶上方，供检修人员检修时使用的装置
轿顶照明装置	设置在轿顶上方，供检修人员检修时照明的装置
底坑检修照明装置	设置在井道底坑，供检修人员检修时照明的装置
轿厢位置显示装置	设置在轿厢内，显示其运行位置和（或）方向的装置
层门门套	装饰层门门框的构件
层门位置显示装置	设置在层门上方或一侧，显示轿厢运行位置和方向的装置
层门方向显示装置	设置在层门上方或一侧，显示轿厢运行方向的装置
控制屏	有独立的支架，支架上有金属绝缘底板或横梁，各种电子器件和电器元件安装在底板或横梁上的一种屏式电控设备
控制柜	各种电子器件和电器元件安装在一个有防护作用的柜形结构内的电控设备
操纵盘、操纵箱	用开关、按钮操纵轿厢运行的电气装置
报警按钮	设置在操纵盘上用于报警的按钮
急停按钮、停止按钮	能断开控制电路使轿厢停止运行的按钮
梯群监控盘	梯群控制系统中，能集中反映各轿厢运行状态，可供管理人员监视和控制的装置
曳引机	包括电动机、制动器和曳引轮在内的靠曳引绳和曳引轮槽摩擦力驱动或停止电梯的装置
有齿轮曳引机	电动机通过减速齿轮箱驱动曳引轮的曳引机
无齿轮曳引机	电动机直接驱动曳引轮的曳引机
曳引轮	曳引机上的驱动轮
曳引绳	连接轿厢和对重装置，并靠与曳引轮槽的摩擦力驱动轿厢升降的专用钢丝绳
绳头组合	曳引绳与轿厢、对重装置或与机房承重梁等承载装置连接用的部件
端站停止开关	当轿厢超越了端站后，强迫其停止的保护开关
平层装置	在平层区域内，使轿厢达到平层准确度要求的装置
平层感应板	可使平层装置动作的板
极限开关	当轿厢运行超越端站停止开关后，在轿厢或对重装置接触缓冲器之前，强迫电梯停止的安全装置
超载装置	当轿厢载荷超过额定载重量时，能发出警告信号并使轿厢不能运行的安全装置
称量装置	能检测轿厢内载荷值，并发出信号的装置
呼梯盒、召唤盒	设置在层站门一侧，召唤轿厢停靠在呼梯层站的装置
随行电缆	连接于运行的轿厢底部与井道固定点之间的电缆

续表

术语	定义
随行电缆架	架设随行电缆的部件
钢丝绳夹板	夹持曳引绳，能使绳距和曳引轮绳槽距保持一致的部件
绳头板	架设绳头组合的部件
导向轮	为增大轿厢与对重之间的距离，使曳引绳经曳引轮再导向对重装置或轿厢一侧而设置的绳轮
复绕轮	为增大曳引绳对曳引轮的包角，将曳引绳绕出曳引轮后经绳轮再次绕入曳引轮，这种兼有导向作用的绳轮为复绕轮
反绳轮	设置在轿厢架和对重框架上部的动滑轮。根据需要曳引绳绕过反绳轮可以构成不同的曳引比
导轨	供轿厢和对重（平衡重）运行的导向部件
空心导轨	由钢板经冷轧折弯成空腹 T 形的导轨
导轨支架	固定在井道壁或横梁上，支撑和固定导轨用的构件
导轨连接板（件）	紧固在相邻两根导轨的端部底面，起连接导轨作用的金属板（件）
承重梁	敷设在机房楼板上面或下面、井道顶部，承受曳引机自重及其负载和绳头组合负载的钢梁
导轨润滑装置	设置在轿厢架和对重框架上端两侧，为保持导轨与滑动导靴之间有良好润滑的自动注油装置
底坑隔障	设置在底坑，位于轿厢和对重装置之间，对检修人员起防护作用的隔障
速度检测装置	检测轿厢运行速度，将其转变成电信号的装置
盘车手轮	靠人力使曳引轮转动的专用手轮
制动器扳手	松开曳引机制动器的手动工具
机房层站指示器	设置在机房内，显示轿厢运行所处层站的信号装置
选层器	一种机械或电气驱动的装置，用于执行或控制下述全部或部分功能：确定运行方向、加速、减速、平层、停止、取消呼梯信号、门操作、位置显示和层门指示灯控制
钢带传动装置	通过钢带，将轿厢运行状态传递到选层器的装置
限速器	当电梯的运行速度超过额定速度一定值时，其动作能切断安全回路或进一步导致安全钳或上行超速保护装置起作用，使电梯减速直到停止的自动安全装置
限速器张紧轮	张紧限速器钢丝绳的绳轮装置
安全钳	限速器动作时，使轿厢或对重停止运行保持静止状态，并能夹紧在导轨上的一种机械安全装置
瞬时式安全钳	能瞬时使夹紧力达到最大值，并能完全夹紧在导轨上的安全钳
渐进式安全钳	采取弹性元件，使夹紧力逐渐达到最大值，最终能完全夹紧在导轨上的安全钳
钥匙开关	一种供专职人员使用钥匙才能使电梯投入运行或停止的电气装置
门锁装置、联锁装置	轿门与层门关闭后锁紧，同时接通控制回路，轿厢方可运行的机电联锁安全装置
层门安全开关	当层门未完全关闭时，使轿厢不能运行的安全装置

续表

术语	定义
滑动导靴	设置在轿厢架和对重（平衡重）装置上，其靴衬在导轨上滑动，使轿厢和对重（平衡重）装置沿导轨运行的导向装置
靴衬	滑动导靴中的滑动摩擦零件
滚轮导靴	设置在轿厢架和对重装置上，其滚轮在导轨上滚动，使轿厢和对重装置沿导轨运行的导向装置
对重装置、对重	由曳引绳经曳引轮与轿厢相连接，在曳引式电梯运行过程中保持曳引能力的装置
平衡重	为节约能源而设置的平衡轿厢重量的装置
消防开关	发生火警时，可供消防人员将电梯转入消防状态使用的电气装置。一般设置在基站
护脚板	从层站地坎或轿厢地坎向下延伸，并具有平滑垂直部分的安全挡板
挡绳装置	防止曳引绳或补偿绳越出绳轮槽的防护部件
轿厢安全窗、轿厢紧急出口	在轿厢顶部向外开启的封闭窗，供安装、检修人员使用或发生事故时援救和撤离乘客的轿厢应急出口。窗上装有当窗扇打开或没有锁紧即可断开安全回路的开关
轿厢安全门、应急门	同一井道内有多台电梯时，在两部电梯相邻轿厢壁上向轿厢内开启的门，供乘客和司机在特殊情况下离开轿厢，而改乘相邻轿厢的安全出口。门上装有当门扇打开或没有锁紧即可断开安全回路的开关装置
近门保护装置	设置在轿厢出入口处，在门关闭过程中，当出入口附近有乘客或障碍物时，通过电子元件或其他元件发出信号，使门停止关闭并重新打开的安全装置
轿厢上行超速保护装置	当轿厢上行速度大于额定速度的115%时，作用在如下部件之一，至少能使轿厢减速慢行的装置：轿厢、对重、钢丝绳系统、曳引轮或曳引轮轴
紧急开锁装置	为应急需要，在层门外借助三角钥匙孔可将层门打开的装置
紧急电源装置、应急电源装置	电梯供电电源出现故障而断电时，供轿厢运行到邻近层站或指定层站停靠的电源装置
夹绳器	一种轿厢上行超速保护装置。当轿厢上行超速时，通过夹紧机构夹持曳引钢丝绳，使电梯减速的装置
扁平复合曳引钢带	由多股钢丝被聚氨酯等弹性体包裹形成的扁平状曳引轿厢用的带子
永磁同步曳引机	采用永磁同步电动机的曳引机
轿门锁	当轿厢在开锁区外时，防止从轿内打开轿门的装置
能量回馈装置	可将电梯机械能转换成有用电能的装置
到站钟	当轿厢将到达选定楼层时，提醒乘客电梯到站的音响装置
楼宇自动化接口	连接楼宇自动化系统的接口，可传送电梯运行信号和其他相关信号
读卡器、卡识别装置	设置在轿厢内，乘客通过身份卡操纵轿厢运行的装置；或设置在层站门一侧，乘客通过身份卡召唤轿厢停靠在呼梯层站的装置
残疾人操纵盘	特殊设计的轿厢操纵盘，以方便残疾人使用，尤其是方便轮椅使用人员操作电梯

续表

术语	定义
副操纵盘	在电梯的轿厢中轿门两侧设置有两个操纵盘，或在轿厢侧壁增加设置一个操纵盘，以便于乘客操作电梯运行
内部通话装置、对讲系统	用于轿厢内和机房、电梯管理中心等之间的相互通话。在电梯发生故障时，帮助轿内乘客向外报警，同时便于电梯管理人员及时安抚乘客、减小乘客的恐惧感；在电梯调试或维修时，方便不同位置有关人员之间相互沟通

四、电梯的控制方式术语

电梯的控制方式术语见表 1-4。

表 1-4　电梯的控制方式术语

术语	定义
手柄开关操纵、轿内开关控制	电梯司机转动手柄位置（开断/闭合）来操纵电梯运行或停止
按钮控制	电梯运行由轿厢内操纵盘上的选层按钮或层站呼梯按钮来操纵。某层站乘客将呼梯按钮揿下，电梯就起动运行去应答。在电梯运行过程中，如果有其他层站呼梯按钮揿下，控制系统只能把信号记存下来，不能去应答，而且也不能把电梯截住，直到电梯完成前应答运行层站之后方可应答其他层站呼梯信号
信号控制	把各层站呼梯信号集合起来，将与电梯运行方向一致的呼梯信号按先后顺序排列好，电梯依次应答接运乘客。电梯运行取决于电梯司机操纵，电梯在何层站停靠由轿厢操纵盘上的选层按钮信号和层站呼梯按钮信号控制。电梯往复运行一周可以应答所有呼梯信号
集选控制	在信号控制的基础上把召唤信号集合起来进行有选择的应答。电梯可有（无）司机操纵。在电梯运行过程中可以应答同一方向所有层站呼梯信号和操纵盘上的选层按钮信号，并自动在这些信号指定的层站平层停靠。电梯运行响应完所有呼梯信号和指令信号后，可以返回基站待命，也可以停在最后一次运行的目标层待命
下集选控制	下集选控制时，除最低层和基站外，电梯仅将其他层站的下方向呼梯信号集合起来应答。如果乘客欲从较低的层站到较高的层站去，须乘电梯到最低层或基站后再乘电梯到要去的高层站
并联控制	并联控制时，两台电梯共同处理层站呼梯信号。并联的各台电梯相互通信、相互协调，根据各自所处的层楼位置和其他相关的信息，确定一台最适合的电梯去应答每一个层站呼梯信号，从而提高电梯的运行效率
群控	群控是指将两台以上电梯组成一组，由一个专门的群控系统负责处理群内电梯的所有层站呼梯信号。群控系统可以是独立的，也可以隐含在每一个电梯控制系统中。群控系统和每一个电梯控制系统之间都有通信联系。群控系统根据群内每台电梯的楼层位置、已登记的指令信号、运行方向、电梯状态、轿内载荷等信息，实时将每一个层站呼梯信号分配给最适合的电梯去应答，从而最大限度地提高群内电梯的运行效率。群控系统中，通常还可选配上班高峰服务、下班高峰服务、分散待梯等多种满足特殊场合使用要求的操作功能

续表

术语	定义
串行通信	对象之间的数据传递是根据约定的速率和通信标准，一位一位地进行传送。串行通信的最大优点是可以在较远的距离、用最少的线路传送大量的数据。电梯控制系统的串行通信主要是指装在控制柜中的主控系统和轿厢控制器、层站控制器等部件之间的串行通信，以及群控系统和属下各主控系统之间、并联时主控系统相互之间的串行通信。除了涉及安全的信号外，其他电梯控制系统所用的数据都可通过串行通信的方式相互传送
远程监视	远程监视装置通过有线或无线电话线路、Internet（因特网）网络线路等介质和现场的电梯控制系统通信，监视人员在远程监视装置上能清楚了解电梯的各种信息
电梯管理系统	一种电梯监视控制系统，采用可靠线路连接，用微机监视电梯状态、性能、交通流量和故障代码等，同时可以实现召唤电梯、修改电梯参数等功能

五、液压电梯的主要术语

液压电梯的主要术语见表 1–5。

表 1–5　　液压电梯的主要术语

术语	定义
速度控制	通过控制进出液压缸的液体流量，实现轿厢运行过程的速度调节
多级开关控制阀调速系统	利用常规的开关阀使多台并联的节流阀油路通断而组成对电梯运行速度进行有级调节的固定节流调速系统
电液比例调速系统	利用电液比例流量控制阀对电梯运行速度进行无级调节的节流调速系统
容积调速系统	利用变量泵对进入液压缸的流量进行控制，从而达到对电梯运行速度进行无级调速的系统
变频调速系统	通过改变电动机的供电频率，从而改变进入液压缸的液体流量，对电梯运行速度进行无级调速的系统
上行额定速度	轿厢空载上行时的设计速度
下行额定速度	轿厢以额定载重量下行时的设计速度
运行速度	轿厢上行额定速度与下行额定速度二者中的较高值
液压电梯机房	安装液压泵站和电控柜（屏）等有关电梯设备的房间
直接驱动、直顶式驱动	液压缸直接与轿厢架连接，同步驱动轿厢运行的方式
绕绳比	间接驱动的液压电梯，两端均具有独立的端接装置的一根钢丝绳或链条，在液压电梯的一个液压缸驱动装置上缠绕的次数，与它在轿厢上缠绕的次数之比。此比值不能约分
间接驱动	非直顶式驱动液压缸通过钢丝绳或链条，间接地与轿厢架连接，驱动轿厢运行的方式

六、自动扶梯和自动人行道的主要术语

自动扶梯和自动人行道的主要术语见表 1–6。

表 1-6　**自动扶梯和自动人行道的主要术语**

术语	定义
自动扶梯	带有循环运行梯级，用于向上或向下倾斜输送乘客的固定电力驱动设备 自动扶梯是机器，即使在非运行状态下，也不能当作固定楼梯使用
自动人行道	带有循环运行（板式或带式）走道，用于水平或倾斜角不大于 12°、输送乘客的固定电力驱动设备 自动人行道是机器，即使在非运行状态下，也不能当作固定通道使用
倾斜角	梯级、踏板或胶带运行方向与水平面构成的最大角度
提升高度	自动扶梯或自动人行道进出口两楼层板之间的垂直距离
额定速度	自动扶梯或自动人行道设计所规定的速度
名义速度	由制造商设计确定的，自动扶梯或自动人行道的梯级、踏板或胶带在空载（如无人状态）情况下的运行速度
理论输送能力	自动扶梯或自动人行道在每小时内理论上能够输送的人数
名义宽度	对于自动扶梯与自动人行道设定的一个理论上的宽度值。一般指自动扶梯梯级或自动人行道踏板安装后横向测量的踏面长度
变速运行	自动扶梯或自动人行道，在无乘客时以预设的低速度运行，在有乘客时自动加速到额定速度运行的方式
待机允许	自动扶梯和自动人行道在无负载的情况下停止或以低于名义速度运行的一种模式
自动启动	自动扶梯或自动人行道，在无乘客时停止运行，在有乘客时自动启动运行的方式
扶手装置	在自动扶梯或自动人行道两侧，对乘客起安全防护作用，也便于乘客站立扶握的部件
扶手带	位于扶手装置的顶面，与梯级、踏板或胶带同步运行，供乘客扶握的带状部件
扶手盖板	扶手装置中，与扶手带导轨相接并形成扶手装置顶部覆盖面的横向部件
扶手带入口保护装置	在扶手带入口处，当手指或其他异物被夹入时，能使自动扶梯或自动人行道停止运行的电气装置
护壁板、护栏板	在扶手带下方，装在内侧盖板与外侧盖板之间的装饰护板
围裙板	与梯级、踏板或胶带两侧相邻的金属围板
内侧盖板	在护壁板内侧，连接围裙板和护壁板的金属板
外侧盖板	在护壁板外侧、外装饰板上方，连接装饰板和护壁板的金属板
外装饰板	从外侧盖板起，将自动扶梯或自动人行道桁架封闭起来的装饰板
桁架、机架	设在建筑结构上，支撑梯级、踏板、胶带以及运行机构等部件的金属结构件
机房	在桁架内或外，放置整个或部分机器设备的空间
中心支撑、中间支撑、第三支撑	在自动扶梯两端之间，设置在桁架底部的支撑物
梯级	在自动扶梯桁架上循环运行、供乘客站立的部件

续表

术语	定义
梯级踏板	带有与运行方向相同齿槽的梯级水平部分
梯级踢板	带有齿槽的梯级上竖立的弧形部分
梯级导轨	供梯级滚轮运行的导轨
梯级水平移动距离	为使梯级在出入口处有一个导向过渡段，从梳齿板出来的梯级前缘和进入梳齿板梯级后缘的一段水平距离
踏板	循环运行在自动人行道桁架上、供乘客站立的板状部件
胶带	循环运行在自动人行道桁架上、供乘客站立的胶带状部件
梳齿板	位于运行的梯级或踏板出入口、为方便乘客上下过渡、与梯级或踏板相啮合的部件
梳齿支撑板	在每个出入口用于安装梳齿板的平台
楼层板	设置在自动扶梯或自动人行道出入口、与梳齿板连接的金属板
驱动主机、驱动装置	驱动自动扶梯或自动人行道运行的装置
梳齿板安全装置	当梯级、踏板或胶带与梳齿板啮合处卡入异物时，能使自动扶梯或自动人行道停止运行的电气装置
驱动链保护装置	当梯级驱动链或踏板驱动链断裂或过分松弛时，能使自动扶梯或自动人行道停止的电气装置
附加制动器	当自动扶梯提升高度超过一定值时，或在公共交通用自动扶梯和自动人行道上，增设的一种制动器
制动载荷	梯级、踏板或胶带上的载荷，并以此载荷设计制动系统制停自动扶梯或自动人行道
主驱动链保护装置	当主驱动链断裂时，能使自动扶梯或自动人行道停止运行的电气装置
超速保护装置	自动扶梯或自动人行道运行速度超过限定值时，能使自动扶梯或自动人行道停止运行的装置
非操纵逆转保护装置	在自动扶梯或自动人行道运行中非人为地改变其运行方向时，能使其停止运行的装置
手动盘车装置、盘车手轮	靠人力使驱动装置转动的专用手轮
检修控制装置	利用检修插座，在检修自动扶梯或自动人行道时的手动控制装置
围裙板安全装置	当梯级、踏板或胶带与围裙板之间有异物夹住时，能使自动扶梯或自动人行道停止运行的电气装置
围裙板防夹装置	降低梯级和围裙板之间挤夹风险的装置
扶手带断带保护装置	当扶手带断裂时，能使自动扶梯或自动人行道停止运行的电气装置
梯级、踏板塌陷保护装置	当梯级或踏板任何部位断裂下陷时，使自动扶梯或自动人行道停止运行的电气装置
电气安全系统	由安全回路和监测装置构成的，电气控制系统中与安全相关的部分

续表

术语	定义
电气安全装置	由安全开关和（或）安全电路组成的部分安全回路
安全电路	具有确定失效模式的电气和（或）电子安全相关系统
机器设备	自动扶梯或自动人行道的机器装置及其相关设备
最大输送能力	在运行条件下，可达到的最大人员流量
额定载荷	设备的设计输送载荷
安全完整性等级	一种离散的等级，用于规定分配给 PESSRAE 系统（用于自动扶梯和自动人行道的可编程电子安全相关系统）的安全功能的安全完整性要求
公共交通型自动扶梯（自动人行道）	适用于下列情况之一的自动扶梯或自动人行道：①公共交通系统中包括出口和入口处的组成部分；②高强度的使用，即每周运行时间约 140 h，且在任何 3 h 的间隔内，其载荷达 100%制动载荷的持续时间不少于 0. 5 h

第二章 电梯专业知识

本章共六节，内容包括曳引驱动电梯的运行系统、电梯机房和滑轮间及井道、自动扶梯和自动人行道、液压电梯、防爆电梯、消防电梯。

第一节 曳引驱动电梯的运行系统

曳引驱动是电梯的基本驱动方式，曳引驱动电梯是电梯的主流产品。

曳引驱动电梯的运行原理：曳引钢丝绳悬挂在曳引轮绳槽中，通过导向轮，一端与轿厢连接，另一端与对重连接，轿厢与对重的重力使曳引钢丝绳在曳引轮槽内产生摩擦力。曳引电动机带动曳引轮转动，驱动钢丝绳，拖动轿厢和对重做相对运动，即：轿厢上升，对重下降；轿厢下降，对重上升。轿厢在井道内沿轨道上、下如此反复运行，完成垂直运送任务。轿厢与对重的相对运动是依靠曳引钢丝绳与曳引轮之间的摩擦力实现的。这个摩擦力叫曳引力，或称驱动力。

曳引驱动电梯的运行原理示意如图 2-1 所示。

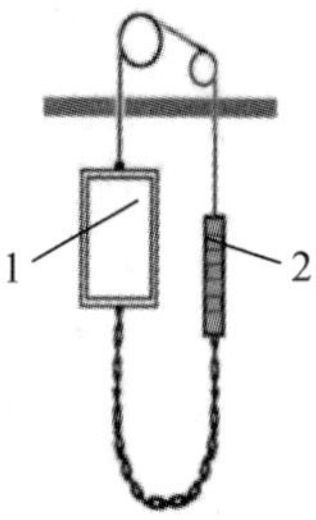

1 2

图 2-1 曳引驱动电梯的运行原理示意
1—轿厢 2—对重

本节在电梯的运行系统制造与安装方面引用《电梯制造与安装安全规范》（GB 7588—2003），择要介绍其有关规定，并采用自 2016 年 7 月 1 日起实施的第 1 号修改单规定；在主要部件报废技术条件方面引用《电梯主要部件报废技术条件》（GB/T 31821—2015）。

其中，《电梯制造与安装安全规范》（GB 7588—2003）中采用的定义主要如下：

（1）轿厢有效面积：地板以上 1 m 高度处测量的轿厢面积，乘客或货物用的扶手可忽略不计。

（2）安全绳：系在轿厢、对重（或平衡重）上的辅助钢丝绳，在悬挂装置失效情况下，可触发安全钳动作。

（3）使用人员：利用电梯为其服务的人员。

（4）乘客：电梯轿厢运送的人员。

（5）电梯驱动主机：包括电机在内的用于驱动和停止电梯的装置。

（6）电气安全回路：串联所有电气安全装置的回路。

（7）夹层玻璃：两层或更多层玻璃之间用塑胶膜组合成的玻璃。

一、电梯的曳引系统

1. 曳引系统的组成

曳引系统的组成装置包括曳引机（含曳引电动机、制动器、联轴器、曳引轮等）、曳引钢丝绳、导向轮、反绳轮等。

涉及曳引机的术语和定义如下：

(1) 曳引机额定速度：设计规定的曳引轮节圆直径上的线速度。

(2) 曳引机额定转矩：在额定电压和额定频率下，曳引机输出的转矩。

(3) 许用径向载荷：曳引轮上允许承受的最大径向载荷。

(4) 启（制）动次数：允许的每小时启（制）动次数。

(5) 制动器制动响应时间：制动器断电到制动力矩达到额定值的时间。

曳引机的基本结构如图 2-2 所示。图 2-3、图 2-4 所示分别为蜗轮蜗杆曳引机和永磁同步曳引机。

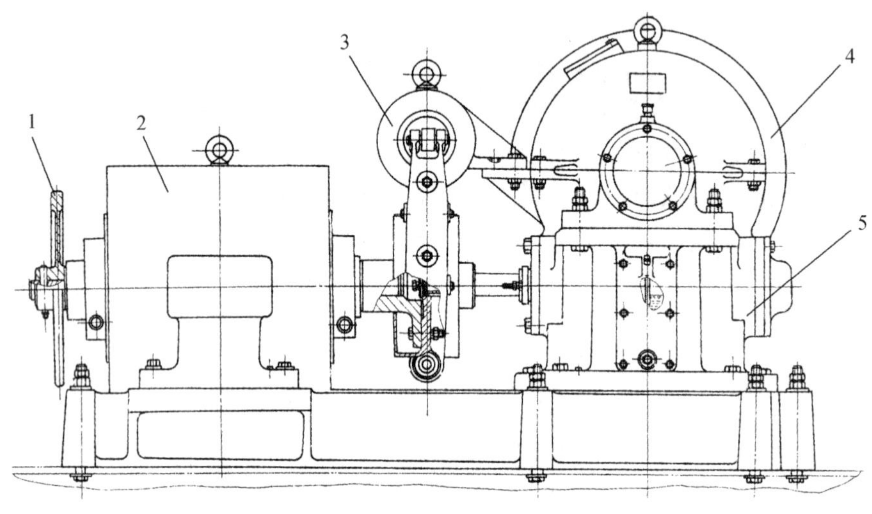

图 2-2 曳引机的基本结构

1—平衡轮 2—曳引电动机 3—制动器 4—曳引轮 5—减速器

图 2-3 蜗轮蜗杆曳引机

图 2-4 永磁同步曳引机

2. 曳引系统的功能

曳引系统的功能是输出与传递动力，驱动电梯运行。

3. 曳引系统制造与安装的有关规定

(1) 驱动主机的有关规定如下：

1) 每部电梯至少应有一台专用的电梯驱动主机。

2) 电梯必须设有制动系统，在动力电源失电或控制电路电源失电时确保能自动动作。制动系统应具有一个机—电式制动器（摩擦型）。此外，还可装设其他制动装置，如电气制动。

制动闸瓦或衬垫的压力应用有导向的压缩弹簧或重砣施加。

禁止使用带式制动器。制动衬应是不易燃的。

3）装有手动紧急操作装置的电梯驱动主机，应能用手松开制动器并需要以一持续力保持其松开状态。

可拆卸的盘车手轮应放置在机房内容易触及的地方。对于同一机房内有多台电梯的情况，如盘车手轮有可能与相配的电梯驱动主机混淆时，应在手轮上做适当标记。盘车手轮如图 2-5 所示。

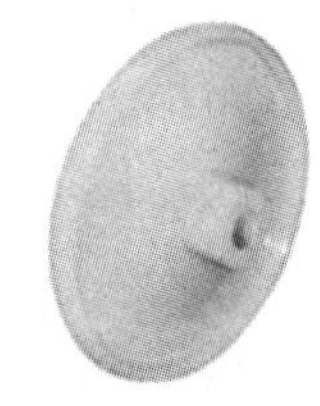

图 2-5　盘车手轮

（2）钢丝绳曳引的有关规定如下：

1）轿厢装载至 125%的额定载荷情况下应保持平层状态不打滑。

2）必须保证在任何紧急制动的状态下，不管轿厢内是空载还是满载，其减速度的值不能超过缓冲器（包括减行程的缓冲器）作用时减速度的值。

3）当对重压在缓冲器上而曳引机按电梯上行方向旋转时，应不能提升空载轿厢。

（3）曳引轮、滑轮的防护规定。曳引轮、滑轮应设置防护装置，以避免人身伤害、钢丝绳因松弛而脱离绳槽、异物进入绳与绳槽之间。

4. 曳引系统主要部件报废技术条件

（1）电动机出现下列情况之一，视为达到报废技术条件：

1）电动机外壳或基座有影响安全的裂纹。

2）电动机轴承出现裂纹或影响运行的磨损。

3）电动机定子与转子发生碰擦。

4）电动机定子的温升或绝缘不符合《电梯曳引机》（GB/T 24478—2009）中 4. 2. 1. 2①的规定。

5）电动机绝缘电阻不符合《电梯制造与安装安全规范》（GB 7588—2003）中 13. 1. 3②的规定。

6）永磁同步电动机磁钢出现严重退磁，导致在《电梯制造与安装安全规范》（GB 7588—2003）中 14. 2. 5. 2③ 规定的载重量范围内不能全行程运行。

7）永磁同步电动机磁钢脱落。

（2）减速箱出现下列情况之一，视为达到报废技术条件：

1）蜗轮副、斜齿轮、行星齿轮出现影响安全运行的轮齿塑性变形、折断、裂纹、齿面点蚀、胶合或磨损等形式的严重失效。

2）传动轴、轴承或键出现影响安全运行的损坏。

3）减速箱体出现裂纹。

---

① 《电梯曳引机》（GB/T 24478—2009）中 4. 2. 1. 2 规定：定子绕组的绝缘电阻在热状态时或温升试验结束时，应不小于 0. 5 MΩ，冷态绝缘电阻应不小于 5 MΩ。

② 《电梯制造与安装安全规范》（GB 7588—2003）中 13. 1. 3 规定：标称电压为安全电压，测试电压为 250 V 时，绝缘电阻应≥0. 25 MΩ；标称电压≤500 V，测试电压为 500 V 时，绝缘电阻应≥0. 50 MΩ；标称电压>500 V，测试电压为 1 000 V 时，绝缘电阻应≥1. 00 MΩ。

③ 《电梯制造与安装安全规范》（GB 7588—2003）中 14. 2. 5. 2 规定：超载是指超过额定载荷的 10%，并至少为 75 kg。

4）减速箱渗漏油不符合《电梯曳引机》（GB/T 24478—2009）中4.2.3.8[①]的规定。

（3）制动器制动力矩应符合《电梯制造与安装安全规范》（GB 7588—2003）中12.4.2.1[②]的规定，且响应时间应符合《电梯曳引机》（GB/T 24478—2009）中4.2.2.3[③]的规定。

制动器出现下列情况之一，视为达到报废技术条件：

1）电梯运行时，制动器的制动衬块（片）与制动轮（盘）不能完全脱离。

2）制动衬块（片）严重磨损或制动弹簧失效，导致制动力不足。

3）受力结构件（如制动臂、销轴等）出现裂纹或严重磨损。

4）制动器电磁线圈铁芯动作异常，出现卡阻现象。

5）制动器电磁线圈防尘件破损。

6）制动器绝缘电阻不符合《电梯制造与安装安全规范》（GB 7588—2003）中13.1.3的规定。

（4）曳引轮出现下列情况之一，视为达到报废技术条件：

1）绳槽磨损造成曳引力不符合《电梯制造与安装安全规范》（GB 7588—2003）中9.3a）或b）[④] 的规定。

2）绳槽有缺损或不正常磨损。

3）出现裂纹。

（5）悬挂装置在正常使用情况下，如有一根曳引钢丝绳（或扁平复合曳引钢带）报废，应更换整台电梯的曳引钢丝绳（或扁平复合曳引钢带）。

（6）曳引钢丝绳出现下列情况之一，视为达到报废技术条件：

1）断丝：钢丝绳外层绳股在一个捻距内断丝总数大于表2-1的规定。

表2-1　　一个捻距内允许最多断丝数

断丝的形式	钢丝绳类型		
	6×19	8×9	9×19
均布在外层绳股上	24	30	34
集中在一根或两根外层绳股上	8	10	11
一根外层绳股上相邻的断丝	4	4	4
股谷（缝）断丝	1	1	1

注：以上断丝数的参考长度为一个捻距，约为6*d*（*d*表示钢丝绳的公称直径）。

① 《电梯曳引机》（GB/T 24478—2009）中4.2.3.8规定：电梯正常工作时，减速箱轴伸出端每小时渗漏油面积应不超过25 cm^2。

② 《电梯制造与安装安全规范》（GB 7588—2003）中12.4.2.1规定：当轿厢载有125%的额定载荷并以额定速度（v）向下运行时，操作制动器应能使曳引机停止运转。在上述情况下，轿厢的减速度应不超过安全钳动作或轿厢撞击缓冲器所产生的减速度。

③ 《电梯曳引机》（GB/T 24478—2009）中4.2.2.3规定：制动器响应时间应不大于0.5 s，对于兼作轿厢上行超速保护装置制动元件的曳引机制动器，其响应时间应按规定与曳引机用户商定。

④ 《电梯制造与安装安全规范》（GB 7588—2003）中9.3a）规定：轿厢装载至125%的额定载荷情况下，应保持平层状态不打滑；9.3b）规定，必须保证在任何紧急制动的状态下，不管轿厢内是空载还是满载，其减速度的值不能超过缓冲器（包括减行程的缓冲器）作用时减速度的值。

2）绳径减小：因磨损、拉伸、绳芯损坏或腐蚀等原因导致钢丝绳直径小于或等于公称直径的 90%。

3）变形或损伤：钢丝绳出现笼状畸变、绳股挤出、扭结、部分压扁或弯折。

4）锈蚀：钢丝绳严重锈蚀，铁锈填满绳股间隙。

（7）端接装置出现下列情况之一，视为达到报废技术条件：

1）锥套、楔形套、楔块或拉杆出现裂纹。

2）楔形套无法锁紧或固定。

3）螺纹失效。

4）弹簧出现断裂、永久变形或压并圈。

5）严重锈蚀。

6）复合材料弹性部件老化、开裂。

图 2-6　楔块式绳头组合

图 2-6 所示为楔块式绳头组合。

（8）滑轮（如反绳轮、导向轮）出现下列情况之一，视为达到报废技术条件：

1）绳槽严重磨损。

2）绳槽缺损或不正常磨损。

3）轮毂与轴承、轴与轴承出现明显滑移、间隙或位移。

4）出现裂纹。

5）非金属材料轮出现严重变形或老化龟裂。

（9）手动松闸装置出现下列情况之一，视为达到报废技术条件：

1）制动器扳手出现严重变形或裂纹。

2）制动器扳手组件出现严重锈蚀、变形或裂纹。

3）松闸钢丝绳严重锈蚀、卡阻或断裂。

（10）手动盘车装置出现下列情况之一，视为达到报废技术条件：

1）盘车手轮出现严重锈蚀、变形、裂纹或缺损。

2）结构焊接部位出现裂纹。

3）盘车齿轮副啮合失效。

4）盘车齿轮出现裂纹或断齿。

二、电梯的导向系统

1. 导向系统的组成

导向系统的组成装置包括轿厢的导轨、对重的导轨及其导轨架、导靴、导向轮（复绕轮）等。

2. 导向系统的功能

导向系统的功能是限制轿厢和对重的活动自由度，使轿厢和对重只能沿着导轨上、下运动。

3. 导向系统制造与安装的有关规定

（1）导轨的有关规定如下：

1）导轨及其附件和接头应能承受施加的载荷和力，以保障电梯安全运行。

①应保证轿厢与对重（或平衡重）的导向。

②导轨变形应限制在一定范围内，且应注意以下情况：

a）不应出现门的意外开锁。

b）安全装置的动作应不受影响。

c）移动部件应不会与其他部件碰撞。

2）应防止因导轨附件的转动造成导轨松动。

（2）轿厢、对重（或平衡重）的导向规定如下：

1）轿厢、对重（或平衡重）各自应至少由两根刚性的钢质导轨导向。

2）对于没有安全钳的对重（或平衡重）导轨，可使用成型金属板材，并应做好防腐蚀保护。

4. 导向系统主要部件报废技术条件

（1）T形导轨出现下列情况之一，视为达到报废技术条件：

1）出现永久变形，影响电梯正常运行。

2）导轨工作面严重损伤，影响电梯正常运行。

3）出现严重锈蚀现象。

（2）空心导轨出现下列情况之一，视为达到报废技术条件：

1）出现永久变形，影响电梯正常运行。

2）防腐保护层出现起皮、起瘤或脱落。

3）出现严重锈蚀现象。

4）严重磨损，对重（或平衡重）存在脱轨风险。

（3）导靴出现下列情况之一，视为达到报废技术条件：

1）出现开裂。

2）出现永久变形，影响电梯正常运行，或对重（或平衡重）存在脱轨风险。

图2-7所示为导靴型式。

a）滚动导靴

b）弹性滑动导靴

c）刚性滑动导靴

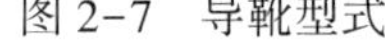

图2-7　导靴型式

三、电梯的重量平衡系统

1. 重量平衡系统的组成

重量平衡系统的组成装置包括对重和重量补偿装置等。

2. 重量平衡系统的功能

重量平衡系统的功能是相对平衡轿厢重量以及补充高层电梯中曳引绳及随行电缆等自重的影响。

3. 重量平衡系统制造与安装的有关规定

（1）对重和平衡重的有关规定如下：

1）如果对重（或平衡重）由对重块组成，应防止它们移位，并采取下列措施：

①将对重块固定在一个框架内。

②对于金属对重块，如果电梯额定速度不大于 1 m/s，则至少要用两根拉杆将对重块固定住。

2）装在对重（或平衡重）上的滑轮应按要求设置防护装置。

（2）补偿装置的有关规定如下：

1）补偿绳使用时必须符合下列条件：

①使用张紧轮。

②张紧轮的节圆直径与补偿绳的公称直径之比不小于 30。

③张紧轮根据规定设置防护装置。

④用重力保持补偿绳的张紧状态。

⑤用一个符合规定的电气安全装置来检查补偿绳的最小张紧位置。

2）若电梯额定速度大于 3.5 m/s，除满足 1）的规定外，还应增设一个防跳装置。防跳装置动作时，电气安全装置应使电梯驱动主机停止运转。

4. 重量平衡系统主要部件报废技术条件

（1）对重（或平衡重）架出现下列情况之一，视为达到报废技术条件：

1）对重（或平衡重）架出现严重变形，导致导靴或对重（或平衡重）安全钳不能正常工作。

2）对重（或平衡重）架直梁、底部横梁发生变形，不能保证对重（或平衡重）块在对重（或平衡重）架内可靠固定。

3）对重（或平衡重）架严重腐蚀，主要受力构件断面壁厚腐蚀达设计厚度的 10%。

（2）对重（或平衡重）块出现下列情况之一，视为达到报废技术条件：

1）对重（或平衡重）块出现开裂、严重变形或断裂。

2）对重（或平衡重）块外包材料出现破损且内部材质可能向外泄漏。

（3）补偿链（缆）及导向装置出现下列情况之一，视为达到报废技术条件：

1）全包覆型补偿链（缆）表面包裹材料出现脱落、严重开裂或磨损。

2）补偿链（缆）导向装置滚轮变形、缺损、严重磨损或出现卡阻。

3）链环表面有严重的锈蚀或脱焊，存在破断风险。

（4）补偿绳及张紧装置报废技术条件规定如下：

1）补偿钢丝绳报废技术条件与曳引系统曳引钢丝绳报废技术条件相同。

2）补偿绳端接装置报废技术条件与曳引系统端接装置报废技术条件相同。

3）张紧轮报废技术条件与曳引系统滑轮报废技术条件相同。

四、电梯的轿厢系统

1. 轿厢系统的组成

轿厢系统的组成装置包括轿厢架和轿厢。

2. 轿厢系统的功能

轿厢系统的功能是作为电梯的工作部分，用以运送乘客和（或）货物。

3. 轿厢系统制造与安装的有关规定

（1）轿厢高度的有关规定如下：

1）轿厢内部净高度应不小于 2 m。

2）使用人员正常出入轿厢入口的净高度应不小于 2 m。

（2）轿厢有效面积、额定载重量的有关规定如下：

1）对于乘客电梯和病床电梯，为了防止人员超载，应对轿厢的有效面积予以限制。

2）对于载货电梯，为了防止不可排除的人员乘用可能发生的超载，应对轿厢面积予以限制。

①应在从层站装卸区域可看见的位置上设置标志，明确该载货电梯的额定载重量。

②对于运送的特定重量轻的货物，其体积可保证在装满轿厢情况下，该货物的总重量不会超过额定载重量。

③电梯应有专职司机操作，并严格限制人员进入。

（3）轿壁、轿厢地板和轿顶的有关规定如下：

1）轿壁、轿厢地板和轿顶应具有足够的机械强度，包括轿厢架、导靴、轿顶的总成也须有足够的机械强度，以承受在电梯正常运行、安全钳动作或轿厢撞击缓冲器时的作用力。

2）轿壁、轿厢地板和顶板不得使用易燃或可能产生有害或大量气体和烟雾的材料制成。

3）玻璃轿壁应使用夹层玻璃。距轿厢地板 1. 10 m 高度以下若使用玻璃轿壁，则应在 0. 90~1. 10 m 的高度设置一个扶手，这个扶手应牢固固定，与玻璃无关。玻璃轿壁的固定件，即使在玻璃下沉的情况下，也应保证玻璃不会滑出。玻璃轿壁上应有包括供应商名称或商标、玻璃类型、玻璃厚度的永久性标记。

4）轿顶还应满足《电梯制造与安装安全规范》（GB 7588—2003）中 8. 13 的其他规定，具体如下：

①轿顶的任何位置应能承受两个人的体重，且无永久变形。

②在水平方向上，轿顶外侧边缘有超过 0. 30 m 的自由距离时轿顶应装设护栏。

③轿顶所用的玻璃应是夹层玻璃。

④固定在轿顶上的滑轮和（或）链轮应按要求设置防护装置。

（4）护脚板的有关规定如下：

1）每一轿厢地坎上均须装设护脚板，其宽度应等于相应层站入口的整个净宽度。护脚板的垂直部分以下应成斜面向下延伸，斜面与水平面的夹角应大于 60°，该斜面在水平面上的投影深度不得小于 20 mm。

2）护脚板垂直部分的高度应不小于 0. 75 m。

3）对于采用对接操作的电梯，其护脚板垂直部分的高度应是在轿厢处于最高装卸位置时，延伸到层门地坎线以下不小于 0. 10 m。

（5）轿厢入口应装设轿门。

（6）轿门的有关规定如下：

1）轿门应是无孔的。载货电梯可以采用向上开启的垂直滑动门，这种门可以是网状的或带孔的板状。

2）除必要的间隙外，轿门关闭后应将轿厢的入口完全封闭。

3）门关闭后，门扇之间及门扇与立柱、门楣和地坎之间的间隙应尽可能小。对于乘客电梯，此运动间隙不得大于 6 mm。对于载货电梯，此间隙不得大于 8 mm。由于磨损，间隙值允许达到 10 mm。如果有凹进部分，上述间隙从凹底处测量。根据 1）制作的垂直滑动门除外。

4）对于铰链门，为防止其摆动到轿厢外面，应设撞击限位挡块。

5）如果层门有视窗，则轿门也应设视窗。若轿门是自动门且当轿厢停在层站平层位置时，轿门保持在开启位置，则轿门可不设视窗。当轿厢停在层站平层位置时，层门和轿门的视窗位置应对齐。

6）轿门的地坎、导向装置和门悬挂机构应遵循《电梯制造与安装安全规范》（GB 7588—2003）中 7.4 的有关规定。

地坎的要求如下：每个层站入口均应装设一个具有足够强度的地坎，以承受通过它进入轿厢的载荷。在各层站地坎前面宜有稍许坡度，以防洗刷、洒水时水流进井道。

（7）轿门运动过程中的保护规定如下：

1）轿门及其四周设计应尽可能减少由于人员、衣服或其他物件被夹住而造成损坏或伤害的危险。

为了避免运行期间发生剪切危险，动力驱动的自动滑动门轿厢侧的门表面不应有大于 3 mm 的凹进或凸出部分，这些凹进或凸出部分的边缘应在开门运行方向上倒角。有孔门除外。

2）动力驱动门应尽量避免门扇撞击人。

①在轿门和层门联动情况下，水平滑动门（动力驱动的自动门）的阻止关门力应不大于 150 N。

②当乘客在轿门关闭过程中，通过入口时被门扇撞击或将被撞击，保护装置应自动地使门重新开启。

（8）关门过程中的反开规定。对于动力驱动的自动门，在轿厢控制盘上应设能使处于关闭中的门反开的装置。

（9）轿门的开启规定。如果由于任何原因电梯停在开锁区域，应能在下列位置用不超过 300 N 的力，手动打开轿门和层门：

①轿厢所在层站，用三角钥匙开锁或通过轿门使层门开锁。

②轿厢内。

图 2-8 所示为三角锁。

图 2-8　三角锁

开锁区域应不大于层站地平面上下 0.2 m。在用机械方式驱动轿门和层门同时动作的情况下，开锁区域可增加到不大于层站地平面上下的 0.35 m。

（10）轿厢安全窗和轿厢安全门的有关规定如下：

1）如果轿顶有援救和撤离乘客的轿厢安全窗，其尺寸应不小于 0.35 m×0.50 m。轿厢安全窗不应向轿内开启。应设有手动上锁装置，锁紧应通过一个符合规定的电气安全装置来验证。如果锁紧失效，该装置应使电梯停止。只有重新锁紧后，电梯才有可能恢复运行。

2）在有相邻轿厢的情况下，如果轿厢之间的水平距离不大于 0.75 m，可使用安全门。安全门的高度应不小于 1.80 m，宽度应不小于 0.35 m。轿厢安全门不应向轿厢外开启。轿厢安全门应能不用钥匙而从轿厢外开启，并应能用规定的三角钥匙从轿厢内开启。

（11）轿厢上护板的有关规定。当层门打开时，如果层门的门楣与轿顶之间存在空隙，应在轿厢入口的上部用一覆盖整个层门宽度的刚性垂直板向上延伸，将其挡住。

（12）轿顶上的装置设置规定。轿顶上应安装检修操作控制装置、电梯停止装置和电源插座。

（13）通风的有关规定。无孔门轿厢应在其上部及下部设通风孔。

（14）照明的有关规定如下：

1）轿厢应设置永久性的电气照明装置，控制装置上的照度宜不小于 50 lx，轿厢地板上的照度宜不小于 50 lx。

2）如果照明装置是白炽灯，至少要有两只并联的灯泡。

3）使用中的电梯，轿厢应有连续照明。

4）应有自动再充电的紧急照明电源，在正常照明电源中断的情况下，它能至少供 1 W 灯泡用电 1 h。在正常照明电源发生故障的情况下，应自动接通紧急照明电源。

4. 轿厢系统主要部件报废技术条件

（1）轿架存在下列情况之一，视为达到报废技术条件：

1）轿架变形导致轿底倾斜度大于其正常位置的 5%。

2）轿架严重变形，导致导靴或安全钳不能正常工作。

3）轿架出现脱焊或材料开裂，影响电梯安全运行。

4）轿架严重腐蚀，主要受力构件断面壁厚腐蚀达设计厚度的 10%。

（2）轿壁、轿顶和轿底存在下列情况之一，视为达到报废技术条件：

1）轿壁、轿顶严重锈蚀穿孔或破损穿孔，孔的直径大于 10 mm。

2）轿壁、轿顶严重变形或破损，加强筋脱落。

3）轿壁的强度不符合《电梯制造与安装安全规范》（GB 7588—2003）中 8. 3. 2. 1 的规定。

4）轿底严重变形、开裂、锈蚀或穿孔。

5）玻璃轿壁、轿顶出现裂纹。

（3）轿门报废的技术条件，在电梯门系统中阐述。

五、电梯的门系统

1. 门系统的组成

门系统的组成装置包括轿门、层门、开门机、联动机构、门锁及门锁电气开关等。

2. 门系统的功能

门系统的功能是作为乘客或货物的进出口，轿门、层门在电梯运行时处于关闭状态，到站自动开启。

3. 门系统制造与安装的有关规定

（1）层门总则。进入轿厢的井道开口处应装设无孔的层门，门关闭后，门扇之间及门扇与立柱、门楣和地坎之间的间隙应尽可能小。对于乘客电梯，此间隙不得大于 6 mm。对于载货电梯，此间隙不得大于 8 mm。由于磨损，间隙值允许达到 10 mm。如果有凹进部分，上述间隙从凹底处测量。

（2）层门及其框架的强度规定如下：

1）门及其框架的结构应在经过一定时间使用后不产生变形，为此，宜采用金属制造。

2）如果建筑物需要电梯层门具有防火性能，该层门应按相关要求进行试验。

3）层门在锁住位置时，所有层门及其门锁应有规定的机械强度。

4）在水平滑动门和折叠门主动门扇的开启方向，以 150 N 的人力（不用工具）施加在一个最不利的点上时，规定的间隙可以大于 6 mm，但不得大于下列值：

①对旁开门，30 mm。

②对中分门，总和为 45 mm。

5）层门或门框上的玻璃应使用夹层玻璃。

（3）层门入口的高度和宽度规定如下：

1）层门入口的最小净高度为 2 m。

2）层门净入口宽度比轿厢净入口宽度在任一侧的超出部分均应不大于 50 mm。

3）动力驱动门应尽量避免门扇撞击人。对于水平滑动门中动力驱动的自动门，阻止关门力应不大于 150 N。在层门关闭过程中，当乘客通过入口被门扇撞击或将被撞击时，保护装置应自动地使门重新开启。这种保护装置也可以是轿门的保护装置。

图 2-9 所示为中分交流永磁变频异步门机。

（4）局部照明和“轿厢在此”信号灯的规定如下：

1）在层门附近，层站上的自然或人工照明在地面上的照度应不小于 50 lx，以便使用人员在打开层门进入轿厢时，即使轿厢照明发生故障，也能看清其前面的区域。

图 2-9　中分交流永磁变频异步门机

2）如果层门是手动开启的，使用人员在开门前，必须能知道轿厢是否到位。为此应安装符合条件的一个或几个透明视窗，或一个发光的“轿厢在此”信号灯，它只能当轿厢即将停在或已经停在特定的楼层时发出光亮。在轿厢停留在该楼层时，该信号灯应保持点亮。

（5）层门锁紧和闭合的检查规定如下：

1）对坠落危险的保护规定。电梯在正常运行时，应不能打开层门（或多扇层门中的任意一扇），除非轿厢在该层门的开锁区域内停止或停站。

开锁区域应不大于层站地平面上下 0.2 m。在用机械方式驱动轿门和层门同时动作的情况下，开锁区域可增加到不大于层站地平面上下 0.35 m。

2）对剪切危险的保护规定。如果一个层门或多扇层门中的任何一扇门开着，在正常操作情况下，应不能启动电梯或保持电梯继续运行，但可以进行轿厢运行的预备操作。在满足规定要求的条件下，允许在层站楼面以上延伸到高度不大于 1.65 m 的区域内，进行轿厢的装卸货物操作。

3）锁紧和紧急开锁规定。每个层门应设置符合上述 1）要求的门锁装置，这个装置应有防止故意滥用的保护。图 2-10 所示为自动门锁的钩子锁。

①锁紧的规定。轿厢运动前应将层门有效地锁紧在闭合位置上，但层门锁紧前，可以进行轿厢运行的预备操作。层门锁紧必须由符合要求的电气安全装置

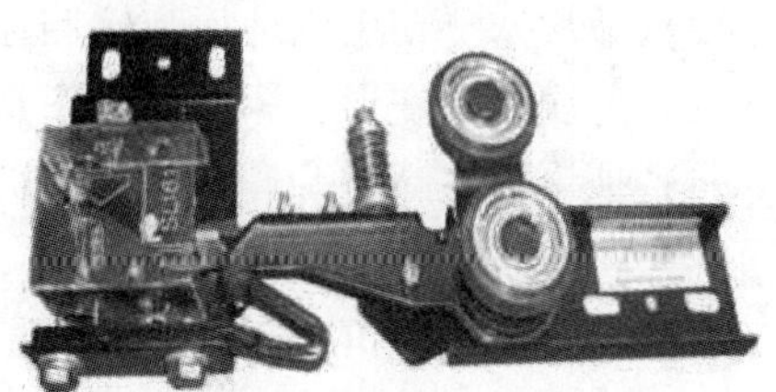

图 2-10　自动门锁的钩子锁

来验证。

轿厢应在锁紧元件啮合深度不小于 7 mm 时才能启动。

门锁装置应有防护，以避免可能妨碍正常功能的积尘危险。工作部件应易于检查，如采用一块透明板，以便观察。当门锁触点放在盒中时，盒盖的螺钉应为不可脱落式的。在打开盒盖时，它们应留在盒或盖的孔中。

②紧急开锁的规定。每个层门均应能从外面借助于规定的开锁三角孔相配的钥匙将门开启。

钥匙应只交给一人负责。钥匙应带有书面说明，详述必须采取的预防措施，以防止开锁后因未能有效地重新锁上而导致事故。

紧急开锁后，门锁装置在层门闭合情况下，不应保持开锁位置。

在轿门驱动层门的情况下，当轿厢在开锁区域之外时，层门无论因为何种原因而开启，应有一种装置（重块或弹簧）能确保该层门自动关闭。

（6）动力驱动的自动门的关闭规定。正常操作中，若电梯轿厢没有运行指令，则在一段时间（根据在用电梯客流量所确定）后，动力驱动的自动层门应关闭。

4. 门系统主要部件报废技术条件

（1）层门和轿门强度不符合《电梯制造与安装安全规范》（GB 7588—2003）的规定，视为达到报废技术条件。

（2）门扇出现下列情况之一，视为达到报废技术条件：

1）门扇严重锈蚀穿孔或破损穿孔。

2）门扇背部加强筋脱落。

3）门扇严重变形，不符合《电梯制造与安装安全规范》（GB 7588—2003）的规定。

4）门扇外包层脱离（落），导致开关门受阻或门扇强度不符合《电梯制造与安装安全规范》（GB 7588—2003）的规定。

5）玻璃门扇出现裂纹或玻璃门扇边缘出现锋利缺口。

6）玻璃固定件不符合《电梯制造与安装安全规范》（GB 7588—2003）的规定。

（3）层门门套出现下列情况之一，视为达到报废技术条件：

1）层门门套严重变形，与门扇间隙不符合《电梯制造与安装安全规范》（GB 7588—2003）的规定。

2）层门门套严重锈蚀。

（4）地坎出现下列情况之一，视为达到报废技术条件：

1）地坎变形，与门扇间隙不符合《电梯制造与安装安全规范》（GB 7588—2003）的规定。

2）地坎变形使层门地坎与轿厢地坎水平距离大于 35 mm。

3）地坎滑槽变形，影响门扇正常运行或导致门导靴脱轨。

4）地坎出现断裂、开焊、严重磨损或腐蚀，影响层门和轿门正常工作。

（5）地坎支架严重变形或腐蚀，影响地坎正常使用，视为达到报废技术条件。

（6）导向装置和门悬挂机构出现下列情况之一，视为达到报废技术条件：

1）有裂纹或活动部件不灵活。

2）严重磨损、变形或脱焊。

（7）门机出现下列情况之一，视为达到报废技术条件：

1）开启轿门的力不符合《电梯制造与安装安全规范》（GB 7588—2003）的规定。

2）动力驱动的水平滑动门阻止关门力不符合《电梯制造与安装安全规范》（GB 7588—2003）的规定。

3）绝缘电阻不符合《电梯制造与安装安全规范》（GB 7588—2003）的规定。

（8）门锁装置出现下列情况之一，视为达到报废技术条件：

1）门锁机械结构变形，导致不能保证 7 mm 的最小啮合深度。

2）出现裂纹、锈蚀或旋转部件不灵活。

3）门锁触点严重烧蚀造成接触不良，影响电梯正常开、关门。

（9）门入口保护装置出现下列情况之一，视为达到报废技术条件：

1）保护功能失效。

2）保护装置出现破损或严重变形。

六、电梯的控制系统

1. 控制系统的组成

控制系统的组成装置包括控制柜（控制屏）、操纵装置、位置显示装置、平层装置等。

2. 控制系统的功能

控制系统的功能是对电梯的运行实行操纵和控制。

3. 控制系统制造与安装的有关规定

（1）防护、绝缘、电压、接地和主接触器的有关规定如下：

1）在机房和滑轮间内，必须采用防护罩壳以防止直接触电。所用外壳防护等级不低于 IP2X。

2）电气设备安装的绝缘电阻，应测量每个通电导体与地之间的电阻。绝缘电阻的最小值应符合《电梯制造与安装安全规范》（GB 7588—2003）的规定。

3）对于控制电路和安全电路，导体之间或导体对地之间的直流电压平均值和交流电压有效值均应不大于 250 V。

4）零线和接地线应始终分开。

5）AC-3 接触器用于交流电动机，DC-3 接触器用于直流电源。由于承受功率的原因，必须使用继电接触器去操作主接触器时，AC-15 接触器用于控制交流电磁铁，DC-13 接触器用于控制直流电磁铁。

（2）电动机和其他电气设备的保护规定如下：

1）直接与主电源连接的电动机应进行短路保护。

2）直接与主电源连接的电动机应采用自动断路器［下述 3）所述情况例外］进行过载保护，该断路器应切断电动机的所有供电。

3）当对电梯电动机过载的检测是基于电动机绕组的温升时，则只有符合下述 6）的条件时才能切断电动机的供电。

4）如果电动机具有多个不同电路供电的绕组，则上述 2）和 3）的规定适用于每一个绕组。

5）当电梯电动机是由电动机驱动的直流发电机供电时，则该电梯电动机也应该设过载保护。

6）如果装有温度监控装置的电气设备温度超过了其设计温度，电梯不应再继续运行，此时轿厢应停在层站，以便乘客能离开轿厢。电梯应在充分冷却后才能自动恢复正常运行。

（3）主开关的有关规定如下：

1）在机房中，每台电梯都应单独装设一只能切断该电梯所有供电电路的主开关。该开关应具有切断电梯正常使用情况下最大电流的能力。

该开关不应切断轿厢照明和通风（如有）、轿顶电源、机房和滑轮间照明、机房电源、滑轮间和底坑电源、电梯井道照明、报警装置。

2）主开关应具有稳定的断开和闭合位置，并且在断开位置时应能用挂锁或其他等效装置锁住，以确保不会出现误操作。

3）应能从机房入口处方便、迅速地接近主开关的操作机构。如果机房为几台电梯所共用，各台电梯主开关的操作机构应易于识别。

如果机房有多个入口，或同一台电梯有多个机房，而每一机房又有各自的一个或多个入口，则可以使用一个断路器接触器，其断开应由符合《电梯制造与安装安全规范》（GB 7588—2003）规定的电气安全装置控制，该装置接入断路器接触器线圈供电回路。

①断路器接触器断开后，除借助上述安全装置外，断路器接触器不应被重新闭合或不应有被重新闭合的可能。断路器接触器应与手动分断开关连用。

②对于一组电梯，当一台电梯的主开关断开后，如果其部分运行回路仍然带电，这些带电回路应能在机房中被分别隔开，必要时可切断组内全部电梯的电源。

③如果有过电压的危险，如电动机由很长的电缆连接，动力电路开关也应切断与电容器的连接。

（4）电气配线的有关规定如下：

1）在机房、滑轮间和电梯井道中，导线和电缆应符合国家标准。

2）应随电气设施提供必要的说明，以使人们懂得安装方法。

（5）照明与插座的有关规定如下：

1）轿厢、井道、机房和滑轮间照明电源应与电梯驱动主机电源分开，可通过另外的电路或通过与上述规定的主开关供电侧相连，而获得照明电源。

2）轿顶、机房、滑轮间及底坑所需的插座电源，应取自1）述及的电路。

这些插座电源应是2P+PE型250 V电压直接供电，或根据有关规定以安全电压供电。

3）照明和插座电源的控制规定如下：

①应有一个控制电梯轿厢照明和插座电路电源的开关。如果机房中有几台电梯驱动主机，则每台电梯轿厢均须有一个开关。该开关应设置在相应的主开关近旁。

②机房内靠近入口处应有一个开关或类似装置来控制机房照明电源。

井道照明开关（或等效装置）应在机房和底坑分别装设，以便在这两个地方均能控制井道照明。

由上述规定的开关所控制的电路均应具有各自的短路保护。

（6）电梯运行控制应是电气控制，有关规定如下：

1）正常运行控制。这种控制应借助于按钮或类似装置，如触摸控制、磁卡控制等。这些装置应置于盒中，以防止使用人员触及带电零件。

2）门开启情况下的平层和再平层控制。在《电梯制造与安装安全规范》（GB 7588—2003）规定的特殊情况下，具备下列条件，允许层门和轿门打开时进行轿厢的平层和再平层运行。

①运行只限于开锁区域。应至少有一个开关防止轿厢在开锁区域外的所有运行，该开关应是符合《电梯制造与安装安全规范》（GB 7588—2003）规定的一个安全触点，或者其连接方式符合《电梯制造与安装安全规范》（GB 7588—2003）对安全电路的规定。如果开关的动作是依靠一个不与轿厢直接机械连接的装置，例如绳、带或链，则连接件的断开或松弛，应通过符合标准规定的电气安全装置作用使电梯驱动主机停止运转。平层运行期间，只有在已给出停站信号之后，才能使门电气安全装置不起作用。

②平层速度不大于 0.8 m/s。对于手控层门的电梯，应注意以下情况：对于由电源固有频率决定最高转速的电梯驱动主机，只用于低速运行的控制电路应通电；对于其他电梯驱动主机，到达开锁区域的瞬时速度应不大于 0.8 m/s。

③再平层速度不大于 0.3 m/s。对于由电源固有频率决定最高转速的电梯驱动主机，只用于低速运行的控制电路应通电；对于由静态换流器供电的电梯驱动主机，再平层速度应不大于 0.3 m/s。

3）检修运行控制。为便于检修和维护，应在轿顶安装易于接近的控制装置。该装置应由能满足《电梯制造与安装安全规范》（GB 7588—2003）电气安全装置要求的检修开关（检修运行开关）操作。该开关应是双稳态的，并应设有误操作防护装置，同时应满足下列条件：

①进入检修运行状态后，应取消正常运行（包括任何自动门的操作）、紧急电动运行、对接操作运行控制。只有再一次操作检修开关，才能使电梯重新恢复正常运行。

如果取消上述运行的转换装置不是与检修开关组成一体的安全触点，则应采取措施，防止《电梯制造与安装安全规范》（GB 7588—2003）列出的其中一种故障导致轿厢误运行。

②轿厢运行应依靠持续揿压按钮，此按钮应有防止误操作的保护，并应清楚地标明运行方向。

③控制装置也应包括一个符合《电梯制造与安装安全规范》（GB 7588—2003）规定的停止装置。

④轿厢速度应不大于 0.63 m/s。

⑤不应超过轿厢的正常行程范围。

⑥电梯运行仍应依靠安全装置。

控制装置也可以与防止误操作的特殊开关结合，从轿顶上控制门机构。

4）紧急电动运行控制。对于人力操作提升装有额定载重量的轿厢所需力大于 400 N 的电梯驱动主机，其机房内应设置一个符合标准规定的紧急电动运行开关。电梯驱动主机应由正常的电源供电或由备用电源供电（如有），同时应满足下列条件：

①应允许从机房内操作紧急电动运行开关，由持续揿压具有防止误操作保护的按钮控制轿厢运行，并应清楚地标明运行方向。

②紧急电动运行开关操作后，除由该开关控制的运行以外，应防止轿厢的一切其他运行。检修运行一旦实施，紧急电动运行应失效。

③紧急电动运行开关本身或另一个符合标准规定的电气开关应使安全钳上的电气安全装

置、限速器上的电气安全装置、轿厢上行超速保护装置上的电气安全装置、极限开关、缓冲器上的电气安全装置失效。

④紧急电动运行开关及其操纵按钮应设置在使用时易于直接观察电梯驱动主机的地方。

⑤轿厢速度应不大于 0.63 m/s。

5）对接操作运行控制。对于《电梯制造与安装安全规范》（GB 7588—2003）规定的特殊情况，同时满足下列条件时，允许轿厢在层门和轿门打开时运行，以便装卸货物。

①轿厢只能在相应平层位置以上不大于 1.65 m 的区域内运行。

②轿厢运行应受符合《电梯制造与安装安全规范》（GB 7588—2003）规定的电气安全装置限制。

③运行速度应不大于 0.3 m/s。

④层门和轿门只能从对接侧被打开。

⑤从对接操作的控制位置应能清楚地看到运行的区域。

⑥只有在用钥匙操作的安全触点动作后，方可进行对接操作。此钥匙只有处在切断对接操作的位置时才能拔出。钥匙应只配备给专门负责人员，同时应提供使用钥匙防止危险的说明书。

⑦钥匙操作的安全触点动作后，应使正常运行控制失效。如果使其失效的开关装置不是与用钥匙操作的触点机构组成一体的安全触点，则应采取措施，防止《电梯制造与安装安全规范》（GB 7588—2003）中 14.1.1.1 列出的其中一种故障出现导致轿厢误运行。仅允许通过持续揿压按钮使轿厢运行，运行方向应清楚地标明。钥匙开关本身或另一个符合标准规定的电气开关可使相应层门门锁的电气安全装置、验证相应层门关闭状况的电气安全装置、验证对接操作入口处轿门关闭状况的电气安全装置失效。

⑧检修运行一旦实施，则对接操作失效。

⑨轿厢内应设有停止装置。

（7）停止装置的有关规定如下：

1）电梯应设置停止装置，用于停止电梯并使电梯包括动力驱动的门保持在非服务的状态。

停止装置可设置在：①底坑；②滑轮间；③轿顶，距检修或维护人员入口不大于 1 m 的易接近位置，或在紧邻距入口不大于 1 m 的检修运行控制装置位置；④检修控制装置上；⑤对接操作的轿厢内。

此停止装置应设置在距对接操作入口处不大于 1 m 的位置，并应能清楚地辨别。

2）停止装置应由符合《电梯制造与安装安全规范》（GB 7588—2003）规定的电气安全装置组成。停止装置应为双稳态，误动作不能使电梯恢复运行。

3）除对接操作外，轿厢内不应设置停止装置。

（8）紧急报警装置的有关规定如下：

1）为使乘客能向轿厢外求援，轿厢内应装设乘客易于识别和触及的报警装置。

2）该装置的供电应来自《电梯制造与安装安全规范》（GB 7588—2003）规定的紧急照明电源或等效电源。[①]

---

① 此要求不适用于轿厢内电话与公用电话网连接的情况。

3）该装置应采用对讲系统以便与救援服务持续联系。在启动此对讲系统之后，被困乘客应不必再做其他操作。

4）如果电梯行程大于 30 m，在轿厢和机房之间应设置《电梯制造与安装安全规范》（GB 7588—2003）述及的由紧急电源供电的对讲系统或类似装置。

（9）优先权和信号的有关规定如下：

1）手动门电梯应设置在电梯停止后不小于 2 s 内防止轿厢离开停靠站的装置。

2）从门关闭后到外部呼梯按钮起作用之前，应有不小于 2 s 的时间让进入轿厢的使用人员能揿压其选择的按钮。这项要求不适用于集选控制的电梯。

3）对于集选控制的电梯，应在停靠站设置发光信号装置，向该停靠站的候梯者指出轿厢下一次的运行方向。

对于群控电梯，不宜在各停靠站设置轿厢位置指示器，推荐采用一种先于轿厢到站的音响信号来指示。

（10）载重量控制的有关规定如下：

1）在轿厢超载时，电梯上的装置应防止电梯正常启动及再平层。

2）所谓超载，是指超过额定载荷的 10%，并至少为 75 kg。

3）在超载情况下，电梯应能满足以下条件：

①轿厢内应有音响和（或）发光信号通知使用人员。

②动力驱动自动门应保持在完全打开位置。

③手动门应保持在未锁状态。

④根据《电梯制造与安装安全规范》（GB 7588—2003）进行的预备操作应全部取消。

4. 电梯运行控制系统类型和操作装置

《电梯操作装置、信号及附件》（GB/T 30560—2014）规定了电梯操作装置、按钮和指示器的要求，适用于Ⅰ至Ⅳ类电梯和Ⅵ类电梯。

（1）电梯控制系统类型。

1）下集选控制。下集选控制中，不管电梯是否能立即应答，都会登记层站呼梯信号。

在每一层站通过揿压呼梯按钮，都会登记呼梯信号。如果电梯空闲或正向下运行，电梯向基站运行中，将从高到低依次应答层站的呼梯请求。

轿内已登记的指令一直保持，直到按运行方向的逻辑顺序应答。

这种控制用于基站以上楼层间互相无乘客通行和基站下无层站的场合，乘客使用电梯从基站到达想去的服务层站，反之亦然。每一个层站都只有一个呼梯按钮。下集选控制可用于单梯或群控单梯，以及基站下有一个或多个服务层站的场合。

这种控制在基站以上是下集选控制，在基站以下是上集选控制。

2）全集选控制。全集选控制中，每个中间层站需要上行和下行两个按钮，以便乘客选择方向。端站只需一个按钮。

根据电梯运行方向，按照逻辑顺序依次应答已登记的层站呼梯和轿内选层信号。

这套系统适用于中间层之间有上行和下行相互运行需求的场合，可用于单梯和群控单梯。

3）目的层控制系统。该电梯系统包括选择目的层的层站操作装置，显示哪台电梯可以乘用的候梯厅指示器，以及指明轿厢将停留在哪些层站的轿内指示器。

4）电梯群控。群控是对多台电梯共同的服务层站进行呼梯管理的一种方式。

群控可以采用下集选、全集选或目的层控制系统。

5）轿内顺序步进搜索选层。当轿内选层按钮距离轿厢地板的高度超过 1.2 m 时应采用此装置。选层应通过短时或持续揿压两个特殊按钮（上和下搜索按钮）之一来完成：

①上搜索按钮应循序选择当前层以上的层站。

②下搜索按钮应循序选择当前层以下的层站。

当松开上或下搜索按钮超过 2 s，最后所选择的楼层应被登记。

上、下搜索按钮应布置在报警按钮附近或上方。

（2）操作装置。

1）层站处。

①下集选控制时，每一层站位置应设置一个呼梯按钮（可无标识）。如果电梯基站以上和以下都有服务层站，基站应提供有上、下仿形箭头符号的呼梯按钮。

②双向操作的全集选控制时，每一个中间层层站应分别提供上、下仿形箭头符号的呼梯按钮。

在每一端站应提供一个与之相对应的上或下仿形箭头符号的呼梯按钮。

对于所有控制类型，如果提供一种特殊装置以改善可接近性，应使用符合残障规定要求的符号标识。

③群控电梯时，每一服务楼层应配有一个或两个按钮的层站操作装置。操作装置的数量最少如下：电梯面对面设置时，每面一个；一个层站操作装置最多控制 4 台相邻的电梯，且操作装置安装于 4 台电梯中间。

群控电梯中仅有一台可供轮椅车使用的电梯时，应设置有轮椅车标识的特殊按钮，用于召唤可供轮椅车使用的电梯。该电梯应采用符合残障规定要求的符号标识。

④层站按钮登记的反馈应是可见和可听的，声级可在 35～65 dB（A）调整。另外，登记呼梯时可提供机械式操作反馈力。即使呼梯信号已经被登记，也应为每次按钮操作提供听觉信号，且该听觉信号应能区别于其他声音信号［如厅外到站钟（灯）］。声源设于按钮附近。

2）轿厢内。

操纵箱应具备以下各项（数字组合式键盘除外）：

①每层一个按钮（-2、-1、0、1、2 等标识）。

②一个黄色并标识铃形符号的报警按钮。

③一个带有“再开门”符号的“再开门”按钮（适用于自动门）。

④一个带有“关门”符号的“关门”按钮（适用于自动门）。

额定载重量小于 450 kg 的乘客电梯，中分门时操纵箱在进入轿厢时的右侧，旁开门时操纵箱在关门到位侧。

额定载重量大于或等于 450 kg 的乘客电梯，中分门时操纵箱在进入轿厢时的右侧壁，旁开门时在关门到位侧壁，或操纵箱在轿厢前壁。

（3）指示器。

1）层站处。

①提供两个发光指示器箭头预告轿厢下次运行方向（端站仅设一个）。指示器应布置在

层门上方或附近可见的位置，以指示轿厢随后将移动的方向。箭头发光时应伴随着听觉信号。

在单台电梯情况下，可通过设置在轿厢内的从层站可视和可听的装置来满足上述要求。

②听觉信号的声级应在 35~65 dB（A），并可根据现场情况调整，该调整装置不能被乘客接近。

下集选和全集选的两个方向应采用不同的声音信号区别：响一声表示上行，响两声表示下行。

2）轿厢内。

①应提供可视（发光）及可听的位置指示器、报警装置或者对讲机（或类似装置）。对于集选控制系统，应通过发光指示器显示轿内已登记的呼梯信号。

发光指示器应布置在轿内操纵箱或其上方，并应与周围背景色有反差。

②当轿厢停站时，至少应该提供普通话来告知乘客轿厢当前位置。声音的声级应该在 35~65 dB（A），并可根据现场情况调整。对于不超过 6 层站且速度不大于 1 m/s 的电梯，作为选择，语音报站可由经过或停靠电梯服务楼层的声音来代替。

③轿厢应提供一种保持永久连接的报警装置（双向通信系统），应能保证与负责救援的组织或负责建筑物安全的人员进行双向通信。可提供能帮助听力障碍人士作为通信帮助的助听环路系统。

该报警装置应提供视觉和听觉信息反馈以便乘客确认：报警信息已发送，使用铃形符号；报警信息被登记，语音通信已建立，使用“通信已建立”符号。

发送警报应不需要持续操作力。

3）可选配的指示器。在层站，可选择使用最小直径为 25 mm 的“停止使用”发光标识；在轿厢内，可选择使用“超载”发光标识。

5. 控制系统主要部件报废技术条件

（1）控制柜的报废技术条件如下：

1）控制柜内电气绝缘不符合《电梯制造与安装安全规范》（GB 7588—2003）的规定。

2）控制柜柜体严重锈蚀变形、损坏，导致柜内元器件无法固定和正常使用。

3）控制柜内电气元件失效导致电梯不能运行，无法更换为同规格参数的元件，或更换替代元件后仍无法正常运行。

4）接触器（继电器）出现下列情况之一，视为达到报废技术条件：

①外壳破损存在触电危险，或导致其外壳防护等级不符合《电梯制造与安装安全规范》（GB 7588—2003）的规定。

②当切断或接通线圈电路时，接触器不能正确、可靠地断开或闭合。

5）变频器出现下列情况之一，视为达到报废技术条件：

①外壳破损存在触电危险。

②输入、输出主回路电路板铜皮断裂。

③直流母线电容鼓包、漏液或明显烧坏。

④输入或输出、制动单元及制动电阻的接线端子和铜排出现严重的过热变形、拉弧氧化或腐蚀。

6）变压器绝缘电阻不符合《电梯制造与安装安全规范》（GB 7588—2003）的规定。

7）电路板出现下列情况之一，视为达到报废技术条件：

①受潮进水、被酸或碱等严重腐蚀、铜箔拉弧氧化、元件焊盘受损或脱落等，导致功能失效。

②外力折裂。

③严重烧毁炭化。

（2）随行电缆出现下列情况之一，视为达到报废技术条件：

1）护套出现开裂，导致线芯外露。

2）绝缘材料发生破损、老化，导致线芯外露或绝缘电阻不符合《电梯制造与安装安全规范》（GB 7588—2003）的规定。

3）线芯发生断裂或短路，电缆的备用线无法满足需要。

4）电缆严重变形、扭曲。

（3）编码器信号输出异常，视为达到报废技术条件。

（4）电梯轿厢出现《电梯制造与安装安全规范》（GB 7588—2003）所述超载时，超载装置不能发出正确信号，导致不能防止电梯正常启动或再平层，视为达到报废技术条件。

（5）紧急电源装置出现下列情况之一，视为达到报废技术条件：

1）蓄电池出现漏液。

2）蓄电池无法充电。

3）充电后蓄电池电压低于正常工作电压。

4）充电后蓄电池电量不满足轿厢移动距离要求。

七、电梯的驱动系统

1. 驱动系统的组成

驱动系统的组成装置包括供电系统、速度反馈检测装置、电动机调速控制装置、曳引电动机等。

2. 驱动系统的功能

驱动系统的功能是提供动力，对电梯实行速度控制。

驱动系统组成装置及其制造与安装的有关规定等内容，已在与之相关联的曳引系统、控制系统等阐述时合并介绍。

八、电梯的安全保护系统

1. 安全保护系统的组成

安全保护系统的组成装置包括机械和电气两个方面。机械方面有安全钳、限速器和缓冲器等；电气方面有超速保护装置、超越极限工作位置保护装置、层门与轿门电气联锁装置和供电系统错相及断相保护装置等。

2. 安全保护装置的功能

安全保护装置的功能是防止发生人身伤害事故，保障电梯安全运行。

3. 安全保护装置制造与安装的有关规定

（1）安全钳的有关规定。

1）通则的规定如下：

①轿厢应装有能在下行时动作的安全钳，在达到限速器动作速度时，甚至在悬挂装置断裂的情况下，安全钳应能夹紧导轨，使装有额定载重量的轿厢制停并保持静止状态。

根据《电梯制造与安装安全规范》（GB 7588—2003）中 9.10 的规定，上行动作的安全钳也可以使用。

安全钳最好安装在轿厢的下部。

②在《电梯制造与安装安全规范》（GB 7588—2003）中 5.5b）所述“对重（或平衡重）上装设安全钳”的情况下，对重（或平衡重）也应设置仅能在其下行时动作的安全钳。在达到限速器动作速度时，或者悬挂装置发生《电梯制造与安装安全规范》（GB 7588—2003）所述特殊情况下的断裂时，安全钳应能通过夹紧导轨使对重（或平衡重）制停并保持静止状态。

③安全钳是安全部件，应根据《电梯制造与安装安全规范》（GB 7588—2003）的规定进行验证。

图 2-11 所示为渐进式安全钳。

2）各类安全钳的使用条件规定如下：

①若电梯额定速度大于 0.63 m/s，轿厢应采用渐进式安全钳。若电梯额定速度小于或等于 0.63 m/s，轿厢可采用瞬时式安全钳。

②若轿厢装有数套安全钳，则它们应全部是渐进式的。

③若额定速度大于 1 m/s，对重（或平衡重）安全钳应是渐进式的；其他情况下，可以是瞬时式的。

图 2-11 渐进式安全钳

3）动作方法的规定如下：

①轿厢和对重（或平衡重）安全钳的动作应由各自的限速器来控制。

若额定速度小于或等于 1 m/s，对重（或平衡重）安全钳可借助悬挂机构的断裂或借助一根安全绳来动作。

②不得用电气、液压或气动操纵的装置来操纵安全钳。

4）减速度规定。在装有额定载重量的轿厢自由下落的情况下，渐进式安全钳制动时的平均减速度应为 0.2 g_n~1.0 g_n（g_n=9.81 m/s^2，为标准重力加速度）。

5）释放规定如下：

①安全钳动作后的释放须经专业技术人员进行。

②只有将轿厢或对重（或平衡重）提起，才能使轿厢或对重（或平衡重）上的安全钳释放并自动复位。

6）结构规定如下：

①禁止将安全钳的夹爪或钳体充当导靴使用。

②如果安全钳是可调节的，则其调整后应加封记。

7）轿厢地板的倾斜规定。在轿厢空载或者载荷均匀分布的情况下，安全钳动作后轿厢地板的倾斜度应不大于其正常位置的 5%。

8）电气检查规定。当轿厢安全钳作用时，装在轿厢上符合相关标准要求的电气装置应在安全钳动作以前或同时使电梯驱动主机停转。

（2）限速器的有关规定如下：

1）操纵轿厢安全钳的限速器的动作应发生在速度至少等于额定速度的 115%时，但应小于下列各值：

①对于除了不可脱落滚柱式以外的瞬时式安全钳为 0. 8 m/s。

②对于不可脱落滚柱式瞬时式安全钳为 1 m/s。

③对于额定速度小于或等于 1 m/s 的渐进式安全钳为 1. 5 m/s。

④对于额定速度大于 1 m/s 的渐进式安全钳为 1. 25 v+0. 25/v（m/s）。

对于额定速度大于 1 m/s 的电梯，建议选用接近④规定的动作速度值。

2）对于额定载重量大、额定速度低的电梯，应专门为此设计限速器。建议尽可能选用接近上述 1）所示下限值的动作速度。

图 2-12 所示为双向限速器。

图 2-12　双向限速器

3）对重（或平衡重）安全钳的限速器动作速度应大于上述 1）规定的轿厢安全钳的限速器动作速度，但不得超过 10%。

4）限速器动作时，限速器绳的张力不得小于以下两个值的较大值：

①安全钳起作用所需力的 2 倍。

②300 N。

对于只靠摩擦力来产生张力的限速器，其槽口应满足以下条件：

①经过附加的硬化处理。

②有一个符合《电梯制造与安装安全规范》（GB 7588—2003）中 M2. 2. 1 规定的切口槽。

5）限速器上应标明与安全钳动作相应的旋转方向。

6）限速器绳规定如下：

①限速器应由限速器钢丝绳驱动。

②限速器绳的最小破断载荷与限速器动作时产生的限速器绳的张力有关，其安全系数应不小于 8。对于摩擦型限速器，则宜考虑摩擦系数 μ_{max} = 0. 2 时的情况。

③限速器绳的公称直径应不小于 6 mm。

④限速器绳轮的节圆直径与绳的公称直径之比应不小于 30。

⑤限速器绳应用张紧轮张紧，张紧轮（或其配重）应有导向装置。

⑥限速器绳应易于从安全钳上取下。

7）限速器动作前的响应时间应足够短，不允许在安全钳动作前达到危险的速度［见《电梯制造与安装安全规范》（GB 7588—2003）中 F3. 2. 4. 1］。

8）可接近性规定如下：

①限速器应是可接近的，以便于检查和维修。

②若限速器装在井道内，则应能从井道外面接近。

③当下列条件都满足时，无须符合②的要求：

a）能够从井道外用远程控制（除无线方式外）的方式来实现下述 9）的限速器动作，这种方式应不会造成限速器的意外动作，且未经授权的人不能接近远程控制的操纵装置。

b）能够从轿顶或底坑接近限速器进行检查和维护。

c）限速器动作后，提升轿厢、对重（或平衡重）能使限速器自动复位。

如果从井道外用远程控制的方式使限速器的电气部分复位，应不会影响限速器的正常功能。

9）限速器动作的可能性规定。在检查或测试期间，应有可能在低于上述1）规定的速度下通过某种安全的方式使限速器动作，进而使安全钳动作。

10）可调部件在调整后应加封记。

11）电气检查规定如下：

①在轿厢上行或下行的速度达到限速器动作速度之前，限速器或其他装置上符合相关标准规定的电气安全装置应能使电梯驱动主机停止运转。

但是，对于额定速度不大于1 m/s的电梯，此电气安全装置最迟可在限速器达到其动作速度时起作用。

②如果安全钳释放后，限速器未能自动复位，则在限速器未复位时，相关电气安全装置应能防止电梯启动。但在《电梯制造与安装安全规范》（GB 7588—2003）中14.2.1.4c）5）规定的情况下，此装置应不起作用。

③限速器绳断裂或过分伸长，应通过相关电气安全装置使电动机停止运转。

12）限速器是安全部件，应根据《电梯制造与安装安全规范》（GB 7588—2003）中F4的规定进行验证。

（3）轿厢与对重缓冲器的有关规定如下：

1）缓冲器应设置在轿厢和对重的行程底部极限位置。

轿厢投影部分下方缓冲器的作用点应设一个具有一定高度的障碍物（缓冲器支座），以便符合《电梯制造与安装安全规范》（GB 7588—2003）的规定。对缓冲器，如果距其作用区域的中心0.15 m范围内（不含墙壁）有导轨和类似的固定装置，则这些装置可认为是障碍物。

2）蓄能型缓冲器（包括线性和非线性）只能用于额定速度小于或等于1 m/s的电梯。

3）耗能型缓冲器可用于任何额定速度的电梯。

图2-13所示为缓冲器的两种型式。

4）缓冲器是安全部件，应根据《电梯制造与安装安全规范》（GB 7588—2003）中F5的规定进行验证。

a）聚氨酯缓冲器　　b）液压缓冲器

图2-13　缓冲器

5）缓冲器的行程要求。以下规定的缓冲器行程，在国家标准《电梯制造与安装安全规范》（GB 7588—2003）附录L（标准的附录）中有图解说明。

①蓄能型缓冲器的线性缓冲器行程要求如下：

a）缓冲器可能的总行程应至少等于115%额定速度对应的重力制停距离的2倍，即0.135 v^2（m）。无论如何，此行程不得小于65 mm。

b）缓冲器的设计应能在静载荷为轿厢质量与额定载重量之和（或对重质量）的2.5~4倍时达到上述a）规定的行程。

②蓄能型缓冲器的非线性缓冲器行程要求如下：

a）当装有额定载重量的轿厢自由落体并以115%额定速度撞击轿厢缓冲器时，缓冲器作用期间的平均减速度应不大于 1 g_n。

b）2.5 g_n 以上的减速度时间应不大于 0.04 s。

c）轿厢反弹的速度应不超过 1 m/s。

d）缓冲器动作后，应无永久变形。

在《电梯制造与安装安全规范》（GB 7588—2003）中提到的术语“完全压缩”是指缓冲器被压缩掉 90%的高度。

③耗能型缓冲器行程要求如下：

a）缓冲器的总行程应至少等于 115%额定速度对应的重力制停距离，即 0.067 4 v^2（m）。

b）当按《电梯制造与安装安全规范》（GB 7588—2003）的规定对电梯在其行程末端的减速进行监控时，对于按照上述 a）计算的缓冲器行程，可采用轿厢（或对重）与缓冲器刚接触时的速度取代额定速度。但行程不得小于以下数值：

当额定速度小于或等于 4 m/s 时，按上述 a）计算的行程的 50%，且在任何情况下，行程应不小于 0.42 m。

当额定速度大于 4 m/s 时，按上述 a）计算的行程的 1/3，且在任何情况下，行程应不小于 0.54 m。

c）当装有额定载重量的轿厢自由落体并以 115%额定速度撞击轿厢缓冲器时，缓冲器作用期间的平均减速度应不大于 1 g_n；2.5 g_n 以上的减速度时间应不大于 0.04 s；缓冲器动作后，应无永久变形。

d）在缓冲器动作后回复至其正常伸长位置后，电梯才能正常运行。为检查缓冲器的正常复位，应使用符合相关标准规定的电气安全装置。

e）液压缓冲器的结构应便于检查其液位。

（4）电气安全装置的有关规定如下：

1）当《电梯制造与安装安全规范》（GB 7588—2003）附录 A（标准的附录）给出的电气安全装置中的某一个动作时，应按规定防止电梯驱动主机启动，或使其立即停止运转。

电气安全装置包括以下几项：

①一个或几个符合《电梯制造与安装安全规范》（GB 7588—2003）规定的安全触点，它直接切断《电梯制造与安装安全规范》（GB 7588—2003）述及的接触器或其继电接触器的供电。

②符合《电梯制造与安装安全规范》（GB 7588—2003）规定的安全电路。

2）除《电梯制造与安装安全规范》（GB 7588—2003）中允许的特殊情况外，电气装置不应与电气安全装置并联。

与电气安全回路上不同点的连接只允许用来采集信息。这些连接装置应该符合《电梯制造与安装安全规范》（GB 7588—2003）对安全电路的规定。

3）内、外部电感或电容的作用不应引起电气安全装置失灵。

4）一个电气安全装置发出的信号，不应被同一电路中设置在其后的另一个电气安全装置发出的外来信号所改变，以免造成危险后果。

5）在由两条或更多平行通道组成的安全电路中，一切信息，除奇偶校验所需要的信息外，应仅取自一条通道。

6）记录或延迟信号的电路，即使发生故障，也不应妨碍或明显延迟由电气安全装置作用而产生的电梯驱动主机停机，即停机应在与系统相适应的最短时间内发生。

7）内部电源装置的结构和布置，应防止由于开关作用而在电气安全装置的输出端出现错误信号。

（5）轿厢上行超速保护装置的有关规定如下：

曳引驱动电梯上应装设符合下列条件的轿厢上行超速保护装置：

1）该装置包括速度监控和减速元件，应能检测出上行轿厢的速度失控，其检测下限是电梯额定速度的115%，检测上限是前述限速器制造与安装的有关规定中3）规定的速度，并应能使轿厢制停，或至少使其速度降低至对重缓冲器的设计范围。

2）在没有电梯正常运行时控制速度、减速或停车的部件参与下，该装置应能达到上述1）的要求，除非这些部件存在内部的冗余度。

该装置在动作时，可以由与轿厢连接的机械装置协助完成，无论此机械装置是否有其他用途。

3）该装置在使空轿厢制停时，其减速度不得大于1 g_n。

4）该装置应作用于轿厢，或对重，或钢丝绳系统（悬挂绳或补偿绳），或曳引轮（如直接作用在曳引轮，或作用于最靠近曳引轮的曳引轮轴上）。

5）该装置动作时，应使相关电气安全装置动作。

6）该装置动作后，应由专业技术人员将其释放。

7）该装置释放时，应不需要接近轿厢或对重。

8）释放后，该装置应处于正常工作状态。

9）如果该装置需要外部的能量来驱动，当没有外部能量时，该装置应能使电梯制动并使其保持停止状态。带导向的压缩弹簧除外。

10）使轿厢上行超速保护装置动作的电梯速度监控部件应是符合《电梯制造与安装安全规范》（GB 7588—2003）规定的限速器或其他装置。

11）轿厢上行超速保护装置是安全部件，应该根据《电梯制造与安装安全规范》（GB 7588—2003）中F7的要求进行验证。

（6）轿厢意外移动保护装置的有关规定如下：

1）在层门未被锁住且轿门未关闭的情况下，轿厢安全运行所依赖的驱动主机或驱动控制系统的任何单一元件失效可能引起轿厢离开层站的意外移动。电梯应具有防止该移动或使移动停止的装置。悬挂绳、链条和曳引轮、滚筒、链轮的失效除外，曳引轮的失效包含曳引能力的突然丧失。

不具有《电梯制造与安装安全规范》（GB 7588—2003）规定的开门情况下的平层、再平层和预备操作的电梯，并且其制停部件是符合《电梯制造与安装安全规范》（GB 7588—2003）规定的驱动主机制动器，不需要检测轿厢的意外移动。

轿厢意外移动制停时由于曳引条件造成的任何滑动，均应在计算和（或）验证制停距离时予以考虑。

2）该装置应能够检测到轿厢的意外移动，并应制停轿厢且使其保持停止状态。

3）在没有电梯正常运行时控制速度或减速、制停轿厢或保持停止状态的部件参与的情况下，该装置应能达到规定的要求，除非这些部件存在内部的冗余①且自监测正常工作。

在使用驱动主机制动器的情况下，自监测包括对机械装置正确提起（或释放）的验证和对制动力的验证。对于采用对机械装置正确提起（或释放）验证和对制动力验证的，制动力自监测的周期应不大于15天；对于仅采用对机械装置正确提起（或释放）验证的，则在定期维护保养时应检测制动力；对于仅采用对制动力验证的，则制动力自监测周期应不大于24 h。

如果检测到失效，应关闭轿门和层门，并防止电梯正常启动。

对于自监测，应进行型式试验。

4）该装置的制停部件应作用在轿厢，或对重，或钢丝绳系统（悬挂绳或补偿绳），或曳引轮，或只有两个支撑的曳引轮轴上。

该装置的制停部件或保持轿厢停止的装置，可与用于下列功能的装置共用：

①下行超速保护。

②上行超速保护。

该装置用于上行和下行方向的制停部件可以不同。

5）该装置应在下列距离内制停轿厢：

①与检测到轿厢意外移动的层站距离不大于1.20 m。

②层门地坎与轿厢护脚板最低部分之间的垂直距离不大于0.20 m。

③按《电梯制造与安装安全规范》（GB 7588—2003）规定设置井道围壁时，轿厢地坎与面对轿厢入口的井道壁最低部件之间的距离不大于0.20 m。

④轿厢地坎与层门门楣之间或层门地坎与轿厢门楣之间的垂直距离不小于1.00 m。

轿厢载有不超过100%额定载重量的任何载荷，在平层位置从静止开始移动的情况下，均应满足上述值。

6）在制停过程中，该装置的制停部件不应使轿厢减速度超过以下数值：

①空轿厢向上意外移动时为1 g_n。

②向下意外移动时为自由坠落保护装置动作时允许的减速度。

7）最迟在轿厢离开开锁区域时，相关电气安全装置应能检测到轿厢的意外移动。

8）该装置动作时，应使相关电气安全装置动作。此装置可与上述7）中的开关装置共用。

9）当该装置被触发或当自监测显示该装置的制停部件失效时，应由专业技术人员使其释放或使电梯复位。

10）释放该装置应不需要接近轿厢、对重或平衡重。

11）释放后，该装置应处于工作状态。

12）如果该装置需要外部能量来驱动，当能量不足时应使电梯停止并保持在停止状态。此要求不适用于带导向的压缩弹簧。

13）轿厢意外移动保护装置属于电梯安全部件，应该按照《电梯制造与安装安全规范》（GB 7588—2003）中F8的规定进行型式试验。

轿厢意外移动保护装置应作为一个完整的系统进行型式试验，或者对其检测、操纵装置

---

① 符合《电梯制造与安装安全规范》（GB 7588—2003）中12.4.2规定的制动器被认为存在内部冗余。

和制停子系统进行单独的型式试验。组成完整系统的每一个子系统的型式试验，应定义接口条件和相关参数。

如果该装置需要自监测，应检查其功能。

如果该装置的制停部件包括层站的部件，有必要在每个涉及的层站重复该试验。

（7）安全触点的有关规定如下：

1）安全触点的动作，应由断路装置将其可靠地断开，甚至两触点熔接在一起也应断开。

安全触点的设计应尽可能减小由于部件故障而引起的短路危险。

当所有触点的断开元件处于断开位置时，在有效行程内，动触点和施加驱动力的驱动机构之间无弹性元件（如弹簧）施加作用力，即为触点获得了可靠的断开。

2）如果安全触点保护外壳的防护等级不低于 IP4X，则安全触点应能承受 250 V 的额定绝缘电压。如果其外壳防护等级低于 IP4X，则应能承受 500 V 的额定绝缘电压。

安全触点规定的类型如下：

①AC-15，用于交流电路的安全触点。

②DC-13，用于直流电路的安全触点。

3）如果保护外壳的防护等级不高于 IP4X，则其电气间隙应不小于 3 mm，爬电距离应不小于 4 mm，触点断开后的距离应不小于 4 mm。如果保护外壳的防护等级高于 IP4X，则其爬电距离可降至 3 mm。

4）对于多分断点的情况，在触点断开后，触点之间的距离不得小于 2 mm。

5）导电材料的磨损不应导致触点短路。

（8）安全电路的有关规定如下：

1）安全电路应符合《电梯制造与安装安全规范》（GB 7588—2003）有关出现故障时的处理规定。

2）根据安全电路评价流程，安全电路应满足以下要求：

①如果某个故障（第一故障）与随后的另一个故障（第二故障）组合导致危险情况，那么最迟应在第一故障元件参与的下一个操作程序中使电梯停止。

只要第一故障仍存在，电梯的所有进一步操作都应是不可能的。

在第一故障发生后而在电梯按上述操作程序停止前，发生第二故障的可能性不予考虑。

②如果两个故障组合不会导致危险情况，而它们与第三故障组合就会导致危险情况时，那么最迟应在前两个故障元件中任何一个参与的下一个操作程序中使电梯停止。

在电梯按上述操作程序停止前发生第三故障从而导致危险情况的可能性不予考虑。

③如果存在三个以上故障同时发生的可能性，则安全电路应设计成有多个通道和一个用来检查各通道相同状态的监控电路。

如果检测到状态不同，则应停止电梯运行。

对于两个通道的情况，最迟应在重新启动电梯之前检查监控电路的功能。如果功能发生故障，电梯重新启动应是不可能的。

④在恢复已被切断的动力电源时，如果电梯在上述①②③的情况下能被强制再停梯，则电梯无须保持在已停止的位置上。

⑤在冗余型安全电路中，应采取措施，尽可能限制由于某一原因而在一个以上电路中同时出现故障的危险。

3）含有电子元件的安全电路是安全部件，应按照《电梯制造与安装安全规范》（GB 7588—2003）中 F6 的规定进行验证。

4）电气安全装置的动作要求。当电气安全装置为保证安全而动作时，应防止电梯驱动主机启动或立即使其停止运转。制动器的电源也应被切断。

按照《电梯制造与安装安全规范》（GB 7588—2003）的规定，电气安全装置应直接作用在控制电梯驱动主机供电的设备上。若由于输电功率的原因，使用了继电接触器控制电梯驱动主机，则它们应视为直接控制电梯驱动主机启动和停止的供电设备。

5）电气安全装置的操作要求。操作电气安全装置的部件，应能在连续正常操作产生机械应力的条件下，正确地起作用。

如果操作电气安全装置的装置设置在人们容易接近的地方，应确保采用简单的方法不能使其失效。用磁铁或桥接件不属于简单方法。

对于冗余型安全电路，应用传感器元件机械的或几何的布置来确保在发生机械故障时安全电路不会丧失其冗余性。

用于安全电路的传感器元件应符合《电梯制造与安装安全规范》（GB 7588—2003）中 F6. 3. 1. 1 的规定。

（9）极限开关的有关规定如下：

1）总则要求。

①电梯应设极限开关。

②极限开关应设置在尽可能接近端站时起作用而无误动作危险的位置上。

③极限开关应在轿厢或对重（如有）接触缓冲器之前起作用，并在缓冲器被压缩期间保持其动作状态。

2）极限开关的动作要求如下：

①正常的端站停止开关和极限开关不得采用同一动作装置。

②对于曳引驱动的电梯，极限开关的动作应由下述方式实现：

a）直接利用处于井道顶部和底部的轿厢。

b）利用与轿厢连接的装置，如钢丝绳、皮带或链条。该连接装置一旦断裂或松弛，相关电气安全装置应使电梯驱动主机停止运转。

3）极限开关的作用方法要求。对曳引驱动的单速或双速电梯，极限开关应具有以下功能：

①切断电路。

②通过相关电气安全装置，按照相关标准的规定，切断向两个接触器线圈直接供电的电路。

③对于可变电压或连续调速电梯，极限开关应能迅速地，即在与系统相适应的最短时间内使电梯驱动主机停止运转。

极限开关动作后，电梯应不能自动恢复运行。

4. 安全保护系统报废技术条件

（1）安全钳及提拉装置报废技术条件。

1）安全钳出现下列情况之一，视为达到报废技术条件：

①安全钳钳体、夹紧件（楔块或滚柱等）出现裂纹或严重塑性变形。

②夹紧件出现磨损或锈蚀，无法有效制停轿厢或对重（或平衡重）。

③弹性部件出现塑性变形，无法有效制停轿厢或对重（或平衡重）。

④导向件出现变形或脱落，钳块无法正常动作、有效制停轿厢或对重（或平衡重）。

2）提拉装置锈蚀、变形、开裂、卡阻或螺纹失效等，不能有效提拉安全钳或提拉装置不能复位，视为达到报废技术条件。

（2）限速器及其张紧装置和钢丝绳报废技术条件。

1）限速器出现下列情况之一，视为达到报废技术条件：

①限速器轴承损坏导致限速器轮转动不灵活。

②限速器动作时，限速器绳的提拉力不符合《电梯制造与安装安全规范》（GB 7588—2003）的规定。

③限速器电气动作的速度和机械动作的速度不符合《电梯制造与安装安全规范》（GB 7588—2003）的规定。

④限速器座变形。

2）张紧装置出现下列情况之一，视为达到报废技术条件：

①张紧轮变形或开裂。

②张紧轮轴承损坏。

③张紧轮绳槽缺损或严重磨损。

④张紧装置的机械结构严重变形。

3）限速器钢丝绳报废技术条件同本节前述曳引钢丝绳报废技术条件。

（3）缓冲器报废技术条件。

1）蓄能型线性缓冲器（弹簧缓冲器）出现下列情况之一，视为达到报废技术条件：

①弹簧严重锈蚀或出现裂纹。

②缓冲器动作后，有影响正常工作的永久变形或损坏。

2）蓄能型非线性缓冲器出现下列情况之一，视为达到报废技术条件：

①非金属材料出现开裂、剥落等老化现象。

②缓冲器动作后，有影响正常工作的永久变形或损坏。

3）耗能型缓冲器（液压缓冲器）出现下列情况之一，视为达到报废技术条件：

①缸体有裂纹。

②漏油，不能保证正常的工作液面高度。

③柱塞锈蚀，影响正常工作。

④复位弹簧失效，缓冲器复位不符合《电梯制造与安装安全规范》（GB 7588—2003）的规定。

⑤缓冲器动作后，有影响正常工作的永久变形或损坏。

（4）轿厢上行超速保护装置报废技术条件。

1）当速度监控装置为限速器时，其报废技术条件见限速器报废技术条件。

2）作用于钢丝绳系统的减速元件、夹绳器或作用于悬挂绳的其他减速元件出现下列情况之一，视为达到报废技术条件：

①触发联动机构损坏。

②钳体或制动弹簧出现塑性变形、裂纹或断裂。

③夹紧件出现严重磨损或锈蚀，导致不符合上述轿厢上行超速保护装置的装设规定中1）的要求。

④复位装置损坏。

3）作用于轿厢或对重的减速元件，上行动作的安全钳或对重安全钳等减速元件出现下列情况之一，视为达到报废技术条件：

①钳体、夹紧件（楔块或滚柱等）出现裂纹或塑性变形。

②夹紧件出现磨损或锈蚀，没有办法使轿厢能够按照《电梯制造与安装安全规范》（GB 7588—2003）中 9. 10. 1 的规定减速。

③弹性部件出现塑性变形，导致夹紧件与导轨侧工作面间隙过大，无法使轿厢按照《电梯制造与安装安全规范》（GB 7588—2003）中 9. 10. 1 的规定减速。

4）对于作用于只有两个支撑的曳引轮轴上的减速元件，当曳引机制动器作为减速元件时，其报废技术条件见制动器报废技术条件。

（5）安全开关出现下列情况之一，视为达到报废技术条件：

1）驱动安全触点的结构失效。

2）安全触点复位失效。

3）触点烧灼或接触不良。

4）出现严重锈蚀。

触发安全开关的机械装置失效时，该装置视为达到报废技术条件。

第二节　电梯机房和滑轮间及井道

一、电梯机房和滑轮间

1. 总则

（1）电梯驱动主机及其附属设备和滑轮应设置在一个专用房间内，该房间应有实体的墙壁、房顶、门和（或）活板门，只有经过批准的人员（维修、检查和营救人员）才能接近。

机房或滑轮间不应用于电梯以外的其他用途，也不应设置非电梯用的线槽、电缆或装置。但这些房间可设置以下设备：

1）杂物电梯或自动扶梯的驱动主机。

2）空调或采暖设备，但不包括以蒸汽和高压水加热的采暖设备。

3）火灾探测器和灭火器。具有较高的动作温度，适用于电气设备，有一定的稳定期且有防意外碰撞的合适保护。

（2）导向滑轮可以安装在井道的顶层空间内、轿顶投影部分的外面，并且应确保检查、测试和维修工作能够安全地从轿顶或从井道外进行。

为对重（或平衡重）导向的单绕或复绕的导向滑轮可以安装在轿顶的上方，应确保从轿顶上能完全安全地触及其轮轴。

（3）曳引轮可以安装在井道内，具体条件如下：

1）能够从机房进行检查、测试和维修工作。

2）机房与井道间的开口应尽可能小。

2. 通道

（1）通往机房和滑轮间的通道应满足以下要求：

1）设永久性电气照明装置，以获得适当的照度。

2）任何情况均能完全安全、方便地使用，而不需经过私人房间。

（2）应提供人员进入机房和滑轮间的安全通道。应优先考虑全部使用楼梯，如果不能用楼梯，可以使用符合下列条件的梯子：

1）通往机房和滑轮间的通道不应高出楼梯所到平面 4 m。

2）梯子应牢固地固定在通道上而不能被移动。

3）梯子高度超过 1. 50 m 时，其与水平方向夹角应在 65°~75°，并不易滑动或翻转。

4）梯子的净宽度应不小于 0. 35 m，其踏板深度应不小于 25 mm。对于垂直设置的梯子，踏板与梯子后面墙的距离应不小于 0. 15 m。踏板的设计载荷应为 1 500 N。

5）靠近梯子顶端，应至少设置一个容易握到的把手。

6）梯子周围 1. 50 m 的水平距离内，应能防止来自梯子上方坠落物的危险。

3. 机房的结构和设备

（1）强度和地面的要求如下：

1）机房结构应能承受预定的载荷和力。机房要用经久耐用和不易产生灰尘的材料建造。

2）机房地面应采用防滑材料，如抹平混凝土、波纹钢板等。

（2）尺寸的要求如下：

1）机房应有足够的尺寸，确保人员能安全和容易地对有关设备进行作业，尤其是对电气设备的作业。工作区域的净高应不小于 2 m，且应满足以下要求：

①在控制屏和控制柜前应有一块净空场地，该场地的具体要求如下：

a）深度，从屏、柜的外表面测量时不小于 0. 70 m。

b）宽度，为 0. 50 m 或屏、柜的全宽，取两者中的大者。

②为了便于对运动部件进行维修和检查，在必要的地点以及需要手动紧急操作的地方，要有一块不小于 0. 50 m×0. 60 m 的水平净空面积。

2）供活动的净高度应不小于 1. 80 m。

通往上述 1）所述的净空场地的通道宽度应不小于 0. 50 m，在没有运动部件的地方，此值可减少到 0. 40 m。供活动的净高度应从屋顶结构梁下面测量到下列两地面：

①通道场地的地面。

②工作场地的地面。

3）电梯驱动主机旋转部件的上方应有不小于 0. 30 m 的垂直净空距离。

4）机房地面高度不一且相差大于 0. 50 m 时，应设置楼梯或台阶，并设置护栏。

5）机房地面有任何深度大于 0. 50 m、宽度小于 0. 50 m 的凹坑或任何槽坑时，均应盖住。

（3）门和检修活板门的要求如下：

1）通道门的宽度应不小于 0. 60 m，高度应不小于 1. 80 m，且门不得向房内开启。

2）供人员进出的检修活板门，其净通道尺寸应不小于 0. 80 m×0. 80 m，且门开后能保持在开启位置。

当检修活板门处于关闭位置时应能承受两个人的体重。按每个人在门的任意 0. 20 m×0. 20 m

面积上作用 1 000 N 的力，门应无永久变形。

检修活板门除非与可收缩的梯子连接外，不得向下开启。如果门上装有铰链，应属于不能脱钩的型式。当检修活板门开启时，应有防止人员坠落的措施（如设置护栏）。

3）门或检修活板门应装有带钥匙的锁，且可以从机房内不用钥匙打开。

只供运送器材的活板门，应只能从机房内部锁住。

（4）其他开口的要求如下：

1）楼板和机房地板上的开口尺寸，在满足使用前提下应减到最小。

2）为了防止物体通过位于井道上方的开口，包括通过电缆用的开口而坠落，开口必须采用圈框。此圈框应凸出楼板或完工地面至少 50 mm。

（5）通风的要求。机房应有适当的通风，同时必须考虑到井道通过机房通风。从建筑物其他处抽出的陈腐空气不得直接排入机房内。应保护电机等设备以及电缆等，使它们尽可能不受灰尘、有害气体和湿气的损害。

（6）照明和电源插座的要求如下：

1）机房应设有永久性的电气照明，地面上的照度应不小于 200 lx。照明电源应符合《电梯制造与安装安全规范》（GB 7588—2003）的规定。

2）在机房内靠近入口（或多个入口）处的适当高度应设有控制机房照明的开关。

3）机房内应至少设有一个符合《电梯制造与安装安全规范》（GB 7588—2003）规定的电源插座。

（7）设备的搬运要求。在机房顶板或横梁的适当位置上，应装备一个或多个适用的具有安全工作载荷标示的金属支架或吊钩，以便起吊重载设备。

4. 滑轮间的结构和设备

（1）强度和地面的要求如下：

1）滑轮间应使用经久耐用和不易产生灰尘的材料建造，必须能承受正常所受的载荷。

2）滑轮间的地板应采用防滑材料，如抹平混凝土、波纹钢板等。

（2）尺寸的要求如下：

1）滑轮间应有足够的尺寸，以便维修人员能安全且容易地接近所有设备。其尺寸应符合前述机房尺寸要求 1）之②和 2）关于通道的规定。

2）滑轮间房顶以下的高度应不小于 1. 50 m。

①滑轮上方应有不小于 0. 30 m 的净空高度。

②如滑轮间内有控制屏或控制柜，则也应符合前述机房尺寸要求 1）和 2）的规定。

（3）门和检修活板门的要求如下：

1）通道门的宽度不得小于 0. 60 m，高度不得小于 1. 40 m。这些门不得向房内开启。

2）供人员进出的检修活板门，其净通道应不小于 0. 80 m×0. 80 m，门开后应能保持在开启位置。

当检修活板门处于关闭位置时均应能承受两个人的体重。按每个人在门的任意 0. 20 m×0. 20 m 面积上作用 1 000 N 的力，门应无永久变形。

检修活板门除非与可伸缩的梯子连接外，不得向下开启。如果门上装有铰链，应属于不能脱钩的型式。当检修活板门开启时，应有防止人员坠落的措施（如设置护栏）。

3）门和检修活板门应装有带钥匙的锁，并可以从滑轮间内不用钥匙打开。

（4）其他开口的要求如下：

1）楼板和滑轮间地板上的开口尺寸，在满足使用前提下应减到最小。

2）为了防止物体通过位于井道上方的开口，包括通过电缆用的开口而坠落，开口必须采用圈框。此圈框应凸出楼板或完工地面至少 50 mm。

（5）停止装置的要求。在滑轮间内部邻近入口处应装设一个符合《电梯制造与安装安全规范》（GB 7588—2003）规定的停止装置。

（6）温度的要求。如果滑轮间内有霜冻和结露的危险，应采取预防措施以保护设备。如果滑轮间设有电气设备，环境温度应与机房的要求相同。

（7）照明和电源插座的要求如下：

1）滑轮间应设置永久性的电气照明，在滑轮间应有不小于 100 lx 的照度，照明电源应符合《电梯制造与安装安全规范》（GB 7588—2003）的规定。

2）在滑轮间内靠近入口的适当高度处应设置一个开关，以控制滑轮间的照明。

3）滑轮间内应至少设置一个符合《电梯制造与安装安全规范》（GB 7588—2003）规定的电源插座。

4）如果在滑轮间有控制屏或控制柜，则机房照明和电源插座的规定同样适用。

二、电梯井道

1. 总则

（1）本部分各项要求适用于装有单台或多台电梯轿厢的井道。

（2）电梯对重（或平衡重）应与轿厢在同一井道内（观光电梯可除外）。

2. 井道的封闭

电梯应由井道壁、底板和井道顶板，或足够的空间与周围分开。

（1）全封闭的井道。建筑物中，要求井道应防止火焰蔓延时，该井道应由无孔的墙、底板和顶板完全封闭起来，并只允许有下述开口：

1）层门开口。

2）通往井道的检修门、井道安全门以及检修活板门的开口。

3）在火灾情况下，气体和烟雾的排气孔。

4）通风孔。

5）井道与机房或与滑轮间之间必要的功能性开口。

6）根据《电梯制造与安装安全规范》（GB 7588—2003）的规定，电梯之间隔板上的开孔。

（2）部分封闭的井道。在不要求井道在火灾情况下用于防止火焰蔓延的场合，如与瞭望台、竖井、塔式建筑物连接的观光电梯等，井道不需要全封闭，但应满足以下要求：

1）在人员可正常接近电梯处，围壁的高度要求如下：

①应防止人员遭受电梯运动部件危害。

②应防止人员直接或用手持物体触及井道中电梯设备而干扰电梯的安全运行。

③在层门侧的高度应不小于 3. 50 m。

④其余侧，当围壁与电梯运动部件的水平距离为最小允许值 0. 50 m 时，高度应不小于 2. 50 m；若该水平距离大于 0. 50 m 时，高度可随着距离的增加而减小；当距离等于 2. 0 m

时，高度可减至最小值 1.10 m。

2）围壁应是无孔的。

3）围壁距地板、楼梯或平台边缘最大距离为 0.15 m。

4）应采取措施防止其他设备干扰电梯的运行。

5）对露天电梯，应采取特殊的防护措施，如沿建筑物外墙安装附壁梯。

只有在充分考虑环境或位置条件后，才允许电梯在部分封闭井道中安装。

（3）检修门、井道安全门和检修活板门的要求如下：

1）通往井道的检修门、井道安全门和检修活板门，除了因使用人员的安全或检修需要外，一般不应采用。

①检修门的高度不得小于 1.40 m，宽度不得小于 0.60 m。井道安全门的高度不得小于 1.80 m，宽度不得小于 0.35 m。检修活板门的高度不得大于 0.50 m，宽度不得大于 0.50 m。

②当相邻两层门地坎间的距离大于 11 m 时，中间应设置井道安全门，以确保相邻地坎间的距离不大于 11 m。在相邻的轿厢都采取《电梯制造与安装安全规范》（GB 7588—2003）所述的轿厢安全门措施时，则可不考虑本条规定。

2）检修门、井道安全门和检修活板门均不应向井道内开启。

①检修门、井道安全门和检修活板门均应装设用钥匙开启的锁。当上述门开启后，应确保不用钥匙亦能将其关闭和锁住。

检修门与井道安全门即使在锁住情况下，也应能不用钥匙从井道内部将门打开。

②只有检修门、井道安全门和检修活板门均处于关闭位置时，电梯才能运行。为此，应采用符合《电梯制造与安装安全规范》（GB 7588—2003）规定的电气安全装置验证上述门的关闭状态。

对通往底坑的通道门，在不是通向危险区域的情况下，可不必设置电气安全装置。这里指电梯正常运行中，轿厢、对重（或平衡重）的最低部分（包括导靴、护脚板等）和底坑底之间的自由垂直距离至少为 2 m 的情况。

电梯的随行电缆、补偿绳或链及其附件、限速器张紧轮和类似装置，认为不构成危险。

3）检修门、井道安全门和检修活板门均应无孔，并应具有与层门一样的机械强度，且应符合相关建筑物防火规范的规定。

4）检修门、井道安全门和检修活板门出现下列情况之一，视为达到报废技术条件：

①门扇严重锈蚀、穿孔。

②门扇严重变形，不符合上述 3）的要求。

③门锁及周边出现锈蚀，导致门锁无法可靠固定。

（4）井道的通风要求。井道应适当通风，井道不能用于非电梯用房的通风。

在没有相关规范或标准的情况下，建议井道顶部的通风口面积至少为井道截面积的 1%。

3. 井道壁、底面和顶板

井道结构应符合国家建筑规范的规定，并应至少能承受主机施加的载荷、轿厢偏载情况下安全钳动作瞬间经导轨施加的载荷、缓冲器动作产生的载荷、由防跳装置作用产生的载荷以及轿厢装卸载所产生的载荷等。

（1）井道壁的强度规定如下：

1）为保证电梯的安全运行，井道壁应具有一定的机械强度，即将 300 N 的力均匀分布在 5 cm^2 的圆形或方形面积上，并垂直作用在井道壁的任一点上，井道壁应满足以下要求：

①无永久变形。

②弹性变形不大于 15 mm。

2）人员可正常接近的玻璃门扇、玻璃面板或成形玻璃板，均应用夹层玻璃制成，其高度应符合前述相关要求。

（2）底坑底面的强度规定如下：

1）底坑的底面应能承受每根导轨的作用力（悬空导轨除外），包括导轨自重和安全钳动作瞬间的反作用力。

2）轿厢缓冲器支座下的底坑底面应能承受满载轿厢静载 4 倍的作用力。

3）对重缓冲器支座下（或平衡重运行区域）的底坑底面应能承受对重（或平衡重）静载 4 倍的作用力。

（3）顶板强度规定。对无须承受《电梯制造与安装安全规范》（GB 7588—2003）规定载荷的顶板，在其悬挂导轨情况下，悬挂点应至少能承受《电梯制造与安装安全规范》（GB 7588—2003）中 G5.1 规定的载荷和力。

4. 面对轿厢入口的层门与电梯井道壁的结构

（1）面对轿厢入口的层门与井道壁或部分井道壁的要求，适用于井道的整个高度。有关轿厢与面对轿厢入口的电梯井道壁的间距要求，详见《电梯制造与安装安全规范》（GB 7588—2003）中第 11 章。

（2）由层门和面对轿厢入口的井道壁或部分井道壁组成的组合体，应在轿厢整个入口宽度上形成一个无孔表面，门的动作间隙除外。

（3）每个层门地坎下的电梯井道壁应符合下列要求：

1）应形成一个与层门地坎直接连接的垂直表面，它的高度应不小于 1/2 的开锁区域加上 50 mm，宽度应不小于门入口的净宽度两边各加 25 mm。

2）这个表面应是连续的，由光滑而坚硬的材料构成，如金属薄板。它能承受垂直作用于其上任何一点均匀分布在 5 cm^2 圆形或方形截面上的 300 N 的力，并满足以下条件：

①无永久变形。

②弹性变形不大于 10 mm。

③该井道壁任何凸出物均应不超过 5 mm。超过 2 mm 的凸出物应倒角，倒角与水平面的夹角至少为 75°。

④该井道壁应连接到下一个门的门楣；或采用坚硬光滑的斜面向下延伸，斜面与水平面的夹角至少为 60°，斜面在水平面上的投影应不小于 20 mm。

5. 位于轿厢与对重（或平衡重）下部空间的防护

如果轿厢与对重（或平衡重）之下确有人能够到达的空间，井道底坑的底面至少应按 5 000 N/m^2 载荷设计，且下部空间应设置以下装置：

（1）将对重（或平衡重）缓冲器安装于一直延伸到坚固地面上的实心桩墩。

（2）对重（或平衡重）上装设安全钳。

电梯井道最好不设置在人们能到达的空间上面。

6. 井道内的防护

（1）对重（或平衡重）的运行区域应采用刚性隔障防护，该隔障应从电梯底坑底面上不大于 0. 30 m 处向上延伸到至少 2. 50 m 的高度。

其宽度应至少等于对重（或平衡重）宽度两边各加 0. 10 m。

特殊情况下，为了满足底坑安装的电梯部件的位置要求，允许在该隔障上开尽量小的缺口。

（2）在装有多台电梯的井道中，不同电梯的运动部件之间应设置隔障。

1）这种隔障应至少从轿厢、对重（或平衡重）行程的最低点延伸到最低层站楼面以上 2. 50 m 高度，宽度应能防止人员从一个底坑通往另一个底坑。《电梯制造与安装安全规范》（GB 7588—2003）中 5. 2. 2. 2. 2 规定的情况除外。

2）如果轿厢顶部边缘和相邻电梯的运动部件［轿厢、对重（或平衡重）］之间的水平距离小于 0. 50 m，这种隔障应该贯穿整个井道。其宽度应至少等于该运动部件或运动部件需要保护部分的宽度每边各加 0. 10 m。

7. 顶部空间和底坑

（1）曳引驱动电梯的顶部间距。曳引驱动电梯的顶部间距应符合《电梯制造与安装安全规范》（GB 7588—2003）中附录 K 的规定。

1）当对重完全压在缓冲器上时，应同时满足下面 4 个条件：

①轿厢导轨长度应能提供不小于 $0.1+0.035\ v^2$（m）的进一步的制导行程。

②符合《电梯制造与安装安全规范》（GB 7588—2003）尺寸要求的轿顶最高面积的水平面［不包括《电梯制造与安装安全规范》（GB 7588—2003）所述的部件面积］，与位于轿厢投影部分井道顶最低部件的水平面（包括梁和固定在井道顶下的零部件）之间的自由垂直距离应不小于 $1.0+0.035\ v^2$（m）。

③井道顶的最低部件与其他部件的自由垂直距离要求如下：

a）与固定在轿厢顶上设备的最高部件之间的自由垂直距离（不包括下面所述及的部件）应不小于 $0.3+0.035\ v^2$（m）。

b）与导靴或滚轮、曳引绳附件和垂直滑动门的横梁或部件的最高部分之间的自由垂直距离应不小于 $0.1+0.035\ v^2$（m）。

④轿厢上方应有足够的空间，该空间的大小以能容纳一个不小于 0. 50 m×0. 60 m×0. 80 m 的长方体为准，任一平面朝下放置皆可。对于用曳引绳直接系住的电梯，只要每根曳引绳中心线距长方体一个垂直面（至少一个）的距离均不大于 0. 15 m，则悬挂曳引绳和它的附件可以包括在这个空间内。

2）当轿厢完全压在缓冲器上时，对重导轨长度应能提供不小于 $0.1+0.035\ v^2$（m）的进一步的制导行程。

3）当电梯驱动主机的减速是按照《电梯制造与安装安全规范》（GB 7588—2003）中 12. 8 的规定被监控时，前述 1）和 2）中用于计算行程的 $0.035\ v^2$ 的值可按下述情况减少：

①电梯额定速度小于或等于 4 m/s 时，可减少到 1/2，且应不小于 0. 25 m。

②电梯额定速度大于 4 m/s 时，可减少到 1/3，且应不小于 0. 28 m。

4）对具有补偿绳并带补偿绳张紧轮及防跳装置（制动或锁闭装置）的电梯，计算间距时，$0.035\ v^2$ 这个值可用张紧轮可能的移动量（随使用的绕法而定）再加上轿厢行程的 1/500 来代替。考虑到钢丝绳的弹性，替代的最小值为 0. 20 m。

（2）底坑。

1）井道下部应设置底坑，除缓冲器座、导轨座以及排水装置外，底坑的底部应光滑平整，底坑不得作为积水坑使用。

在导轨、缓冲器、栅栏等安装竣工后，底坑不得漏水或渗水。

2）除层门外，如果有通向底坑的门，该门应该符合《电梯制造与安装安全规范》（GB 7588—2003）的规定。

如果底坑深度大于 2.50 m 且建筑物的布置允许，应设置进底坑的门。

如果没有其他通道，为了便于检修人员安全地进入底坑，应在底坑内设置一个从层门进入底坑的永久性装置，此装置不得凸入电梯运行的空间。

3）当轿厢完全压在缓冲器上时，应同时满足下面 3 个条件：

①底坑中应有足够的空间，该空间的大小以能容纳一个不小于 0.50 m×0.60 m×1.00 m 的长方体为准，任一平面朝下放置皆可。

②底坑底和轿厢最低部件之间的自由垂直距离应不小于 0.50 m，下述部件之间的水平距离在 0.15 m 之内时，这个距离可最小减少到 0.10 m。

a）垂直滑动门的部件、护脚板和相邻的井道壁。

b）轿厢最低部件和导轨。

③底坑中固定的最高部件，如补偿绳张紧装置位于最上位置时，其和轿厢的最低部件之间的自由垂直距离应不小于 0.30 m，上述②a）和②b）所述情形除外。

4）底坑内应设置以下装置：

①停止装置。该装置应在打开门去底坑时和在底坑底面上容易接近，且应符合《电梯制造与安装安全规范》（GB 7588—2003）的规定。

②电源插座。

③井道照明的开关，在开门去底坑时应易于接近。

8. 电梯井道的专用

电梯井道应为电梯专用，井道内不得装设与电梯无关的设备、电缆等。井道内允许装设采暖设备，但不能用蒸汽和高压水加热。采暖设备的控制与调节装置应装在井道外面。

电梯根据《电梯制造与安装安全规范》（GB 7588—2003）规定设置的井道，具体范围如下：

（1）有围壁时，井道是指围壁内的区域。

（2）无围壁时，井道是指距电梯运动部件 1.50 m 水平距离内的区域。

9. 井道照明

井道应设置永久性的电气照明装置，即使在所有的门关闭时，在轿顶面以上和底坑底面以上 1 m 处的照度均至少为 50 lx。

照明设置要求：距井道最高和最低点 0.50 m 以内各装设一盏灯，再设中间灯。对于《电梯制造与安装安全规范》（GB 7588—2003）中 5.2.1.2 涉及的封闭井道，如果井道附近有足够的电气照明，井道内可不设照明。

10. 紧急解困

如果在井道中工作的人员存在被困危险，而又无法通过轿厢或井道逃脱，应在存在该危险处设置报警装置。该报警装置应符合《电梯制造与安装安全规范》（GB 7588—2003）中电梯控制部分的规定。

第三节 自动扶梯和自动人行道

一、自动扶梯和自动人行道的工作原理及组成

自动扶梯由驱动主机通过链条驱动多个梯级，使之沿固定轨道做循环运动，实现人员的运输。

自动扶梯的倾斜角度一般为 30°或 35°，具有楼梯式台阶。自动人行道的倾斜角不大于 12°，没有楼梯式台阶，也可以用于水平运输。这两种设备的工作原理和部件构成基本相同。

自动扶梯主要由驱动主机、控制柜、桁架、梯级、扶手带、驱动链等部件组成。驱动主机由电动机、减速器和制动器组成，提供自动扶梯的动力；控制柜用于控制自动扶梯的运行状态，如上行、下行、低速节能运行、检修运行以及停机等，同时还用于监控电气安全装置的状态；桁架作为自动扶梯的金属框架，主要用于支撑和容纳自动扶梯的各个部件；梯级直接承载自动扶梯所运输的人员，自动人行道对应部件一般为踏板；扶手带与梯级（或者踏板）同步运行，提供给乘用人员扶手以帮助稳定身体；驱动链有从驱动主机传动到驱动主轴（一般为梯级上部回转驱动链轮轴）的主驱动链、与梯级一起运行的梯级链。

二、自动扶梯和自动人行道的相关规定

以下规定引自《自动扶梯和自动人行道的制造与安装安全规范》（GB 16899—2011）。

1. 支撑结构（桁架）和围板

（1）除使用者可踏上的梯级、踏板或胶带以及可接触的扶手带部分外，自动扶梯或自动人行道的所有机械运动部分均应完全封闭在无孔的围板或墙内。用于通风的孔是允许的。

（2）一根直径为 10 mm 的刚性直杆应不能穿过围板且不能穿过通风孔触及任何运动部件。

（3）支撑结构设计所依据的载荷：自动扶梯或自动人行道的自重加上 5 000 N/m^2 的载荷。

2. 梯级、踏板、胶带

（1）在自动扶梯的载客区域，梯级踏面应是水平的，允许在运行方向上有±1°的偏差。

（2）自动扶梯和自动人行道的踏面应提供一个安全的立足面。

（3）自动扶梯和自动人行道的名义宽度应不小于 0.58 m 且不大于 1.10 m。对于倾斜角不大于 6°的自动人行道，该宽度允许增大至 1.65 m。

（4）梯级高度应不大于 0.24 m，梯级深度应不小于 0.38 m。

（5）梯级踏面、梯级踢板或踏板，其两侧边缘不应是齿槽。梯级踏面与踢板的交接处应消除锐角。

（6）胶带应具有沿运行方向的且与梳齿板的梳齿相啮合的齿槽。胶带的两侧边缘不应是齿槽。胶带的拼接应保证其踏面的连续一致性。

（7）梯级、踏板和胶带应设计成能够承受正常运行时由导轨、导向和驱动系统施加的所有可能的载荷和扭曲作用，并应能承受 6 000 N/m^2 的均布载荷。

（8）装配梯级和踏板的所有零部件（如嵌入件或固定件）应可靠连接，并在使用寿命

周期内不会发生松动。嵌入件和固定件应能承受使梳齿板或梳齿支撑板的电气安全装置动作所产生的反作用力。

（9）在梯级、踏板或胶带的工作区域，梯级或踏板偏离其导向系统的侧向位移在任何一侧应不大于 4 mm，在两侧测得的总和应不大于 7 mm。对于垂直位移，梯级和踏板应不大于 4 mm，胶带应不大于 6 mm。

（10）在工作区段的任何位置，从踏面测得的两个相邻梯级或两个相邻踏板之间的间隙应不大于 6 mm。在自动人行道过渡曲线区段，如果踏板的前缘和相邻踏板的后缘啮合，其间隙允许增至 8 mm。

（11）自动扶梯和自动人行道应能通过装设在驱动站和转向站的装置检测梯级或踏板的缺失，并应在缺口（由梯级或踏板缺失而导致的）从梳齿板位置出现之前停止。

（12）自动扶梯的梯级应至少用两根链条驱动，梯级的每侧应不少于一根。如果自动人行道的踏板在工作区段内的平行运动用其他机械方式保证，允许用一根链条驱动。每根链条的安全系数应不小于 5。链条应能连续地张紧。在张紧装置移动超过 20 mm 之前，自动扶梯和自动人行道应自动停止运行。不允许采用拉伸弹簧作为张紧装置。如果采用重块张紧时，一旦悬挂装置断裂，重块应能安全地被截住。

（13）胶带应由滚筒驱动并能连续和自动地张紧，不允许采用拉伸弹簧作为张紧装置。如果采用重块张紧，一旦悬挂装置断裂，重块应能安全地被截住。

3. 驱动主机

（1）自动扶梯倾斜角不大于 30°时，自动扶梯的名义速度应不大于 0.75 m/s；自动扶梯倾斜角大于 30°但不大于 35°时，自动扶梯的名义速度应不大于 0.50 m/s。

自动人行道的名义速度应不大于 0.75 m/s。如果踏板或胶带的宽度不大于 1.10 m，并且在出入口踏板或胶带进入梳齿板之前的水平距离不小于 1.60 m 时，自动人行道的名义速度最大允许达到 0.90 m/s。上述要求不适用于具有加速区段的自动人行道以及能直接过渡到不同速度运行的自动人行道。

（2）工作制动器与梯级、踏板或胶带驱动装置之间的连接应优先采用非摩擦传动元件，如轴、滑轮、多排链条、两根或两根以上的单排链条。如果采用摩擦元件，如三角传动皮带（不允许使用平皮带），应采用一个符合《自动扶梯和自动人行道的制造与安装安全规范》（GB 16899—2011）规定的附加制动器。

（3）如提供手动盘车装置，该装置应易于取用并可安全操作。对于可拆卸的手动盘车装置，符合《自动扶梯和自动人行道的制造与安装安全规范》（GB 16899—2011）规定的电气安全装置应在手动盘车装置装上驱动主机之前或装上时动作。不允许采用曲柄或多孔手轮。

（4）通过符合《自动扶梯和自动人行道的制造与安装安全规范》（GB 16899—2011）规定的电气安全装置停止自动扶梯或自动人行道时，应符合以下规定：

1）交流或直流电动机由电源直接供电时，电源应由两个独立的接触器切断，这些接触器的触点应串联在供电回路中。当自动扶梯或自动人行道停止时，如果其中任一接触器的主触点未打开，则自动扶梯或自动人行道应不能重新启动。

2）交流或直流电动机由静态元件供电和控制时，应采用下述两个方法之一：

①由两个独立的接触器切断电动机电源。自动扶梯或自动人行道停止时，如果其中任一接触器的主触点未打开，则自动扶梯或自动人行道应不能重新启动。

②采用由以下元件组成的系统：

a）切断各相（极）电流的接触器。当自动扶梯或自动人行道停止时，如果接触器未释放，则自动扶梯或自动人行道应不能重新启动。

b）用来阻断静态元件中电流流动的控制装置。

c）用来检验自动扶梯或自动人行道每次停止时电流流动阻断情况的监控装置。在正常停止期间，如果静态元件未能有效阻断电流的流动，监控装置应使接触器释放并应防止自动扶梯或自动人行道重新启动。

4. 工作制动器

自动扶梯和自动人行道应设置制动系统，使自动扶梯和自动人行道有一个接近匀减速的制停过程直至停机，并保持在停止状态（工作制动）。制动系统在使用过程中应无故意延迟。

如果制停距离超过所规定最大值的1.2倍，自动扶梯和自动人行道应在故障锁定被复位之后才能重新启动。如果有必要，在手动复位前应对制动系统进行检查，采取纠正措施。

自动扶梯和自动人行道启动后，应有装置监测制动系统的释放。

制动系统在下列情况下应能自动工作：

（1）动力电源失电。

（2）控制电源失电。

工作制动应使用机—电式制动器或其他制动器来完成。

能用手释放的制动器，应由手的持续力使制动器保持松开状态。

机—电式制动器应持续通电保持正常释放。制动器电路断开后，制动器应立即制动。制动力应通过一个（或多个）带导向的压缩弹簧来产生。制动器释放装置自激应是不可能的。应至少由两套独立的电气装置来断开电源，这些电气装置可以是切断驱动主机供电的装置。当自动扶梯或自动人行道停机时，如果这些电气装置中的任一个未断开，自动扶梯或自动人行道应不能重新启动。

空载和有载向下运行自动扶梯的制停距离应符合表2-2的规定。

表2-2　　空载和有载向下运行自动扶梯的制停距离

名义速度 v/（m/s）	制停距离范围/m
0.50	0.20～1.00
0.65	0.30～1.30
0.75	0.40～1.50

注：各名义速度对应的制停距离范围上限不包括端点数值。

空载和有载水平运行或有载向下运行自动人行道的制停距离应符合表2-3的规定。

若速度在表内数值之间，制停距离用插入法计算。制停距离应从电气停止装置动作时开始测量。

自动扶梯向下运行和自动人行道水平运行或向下运行时，制动器制动过程中沿运行方向上的减速度应不大于1 m/s^2。原始减速信号应经过4.0 Hz两阶巴特沃斯（2-pole Butterworth）滤波器滤波。

表 2-3　空载和有载水平运行或有载向下运行自动人行道的制停距离

名义速度 v/（m/s）	制停距离范围/m
0.50	0.20~1.00
0.65	0.30~1.30
0.75	0.40~1.50
0.90	0.55~1.70

注：各名义速度对应的制停距离范围上限不包括端点数值。

5. 附加制动器

附加制动器应为机械式的（利用摩擦原理）。

附加制动器与梯级、踏板或胶带驱动装置之间应用轴、齿轮、多排链条或多根单排链条连接。不允许采用摩擦传动元件（如离合器）构成的连接。

附加制动器应能使具有制动载荷向下运行的自动扶梯和自动人行道有效地减速停止，并使其保持静止状态，减速度应不超过 1 m/s^2。

附加制动器动作时，不必保证对工作制动器所要求的制停距离。

附加制动器在下列任何一种情况下都应起作用：

（1）在速度超过名义速度 1.4 倍之前。

（2）在梯级、踏板或胶带改变其规定运行方向时。

附加制动器在动作开始时应强制地切断控制电路。

如果电源发生故障或安全回路失电，允许附加制动器和工作制动器同时动作，此时制停条件应符合自动扶梯和自动人行道制停距离的规定。否则，附加制动器和工作制动器只允许在上述（1）（2）规定的情况下同步动作。

6. 扶手装置

朝向梯级、踏板或胶带一侧的扶手装置部分应光滑、齐平。如果压条或镶条的装设方向与运行方向不一致，其凸出高度应不大于 3 mm，且应坚固并具有圆角或倒角的边缘。此类压条或镶条不允许装设在围裙板上。

沿运行方向的盖板连接处（尤其是围裙板与护壁板的连接处）的结构应消除勾绊的风险。

护壁板之间的间隙应不大于 4 mm，其边缘应是圆角或倒角状。

如果采用玻璃做成护壁板，这种玻璃应是钢化玻璃。单层玻璃的厚度应不小于 6 mm。当采用多层玻璃时，应为夹层钢化玻璃，并且至少有一层的厚度不小于 6 mm。

7. 扶手带系统

每一扶手装置的顶部都应装有运行的扶手带，其运行方向应与梯级、踏板或胶带相同。在正常情况下，扶手带的运行速度相对于梯级、踏板或胶带实际速度的允差为 0%~2%。

扶手带截面及其导轨的成形组合件不应挤夹手指或手。

扶手带的导向和张紧装置应使其在正常工作时不会脱离扶手导轨。

8. 围裙板

围裙板应垂直、平滑且是对接缝的。对于长距离的自动人行道，跨越建筑伸缩缝部位的围裙板接缝处可采取其他特殊连接方法（如滑动接头）来替代对接缝。

自动扶梯或自动人行道的围裙板设置在梯级、踏板或胶带的两侧，在任何一侧的水平间隙应不大于 4 mm，在两端对称位置处测得的间隙总和应不大于 7 mm。

如果自动人行道的围裙板位于踏板或胶带之上，则踏面与围裙板下端所测得的垂直间隙应不大于 4 mm。踏板或胶带的横向摆动不应在踏板或胶带的侧边与围裙板垂直投影间产生间隙。

9. 出入口

自动扶梯和自动人行道在出入口区域（如梳齿支撑板和楼层板）应具有一个安全的立足面（梳齿板除外），该面从梳齿板齿根起测量的纵深距离应不小于 0.85 m。

梳齿板应安装在两端出入口处，以方便使用者出入。梳齿板应易于更换。梳齿板应设计成当有异物卡入时，梳齿在变形情况下仍能保持与梯级或踏板正常啮合，或者梳齿断裂。如果卡入异物后并不是前述的状态，梳齿板与梯级或踏板发生碰撞时，自动扶梯或自动人行道应立即停止运行。

10. 机房、驱动站和转向站

机房、驱动站和转向站只允许放置自动扶梯或自动人行道运行、维修和检查所必需的设备。

对于能有效地防止事故发生的火灾报警器、直接灭火用的设备和喷淋头等消防器具，如不会对维修作业产生附加风险，则可放置在上述空间内。

电气照明装置和电源插座的电源应与驱动主机电源分开，并由单独的供电电缆或由接在自动扶梯或自动人行道电源总开关之前的分支电缆供电。电气照明装置和电源插座的电源应能由一个独立的开关切断各相供电。

在桁架内的机房、驱动站以及转向站中的电气照明装置应为常备的手提行灯。手提行灯可设置在驱动站、转向站或机房的某一处。应在这些地点的每一处配备一个或多个电源插座。插座应是 2P+PE 型（2 极+地线）、250 V 电压，由主电源供电；或由符合《低压电气装置 第 4-41 部分：安全防护 电击防护》（GB 16895.21—2011）规定的安全特低电压供电。

工作区域的照度应至少为 200 lx。

在驱动站和转向站都应设有停止开关。对于驱动装置安装在梯级、踏板或胶带的载客分支和返回分支之间或安装在转向站外面的自动扶梯和自动人行道，则应在驱动装置附近另设停止开关。停止开关的动作应能切断驱动主机供电，使工作制动器制动，并有效地使自动扶梯或自动人行道停止运行。停止开关应符合《机械安全 急停 设计原则》（GB 16754—2008）的规定，并实现 0 类停机。停止开关动作后，应能防止自动扶梯或自动人行道启动。停止开关应具有清晰且永久性的开、关位置标记。特殊情况下，如果机房设有符合《自动扶梯和自动人行道的制造与安装安全规范》（GB 16899—2011）规定的主开关，则可不设置停止开关。

11. 电动机和主开关

直接与电源连接的电动机应进行短路保护，应采用手动复位的自动断路器进行过载保护[《自动扶梯和自动人行道的制造与安装安全规范》（GB 16899—2011）中 5.11.3.3 要求的除外]，该断路器应切断电动机的所有供电。

当自动扶梯或自动人行道的驱动电动机是由电动机驱动的直流发电机供电时，发电机的驱动电动机应设置过载保护。

在驱动主机附近、转向站中或控制装置旁，应设置一个能切断电动机、制动器释放装置和控制电路电源的主开关。

12. 电气安全装置

电气安全装置主要如下：

（1）一个或几个符合《自动扶梯和自动人行道的制造与安装安全规范》（GB 16899—2011）规定的安全开关，直接切断接触器或继电器的供电。

（2）符合《自动扶梯和自动人行道的制造与安装安全规范》（GB 16899—2011）规定的安全电路，包括以下内容：

1）一个或几个符合《自动扶梯和自动人行道的制造与安装安全规范》（GB 16899—2011）规定的安全开关，这些开关不直接切断接触器或接触器式继电器的供电。

2）不符合《自动扶梯和自动人行道的制造与安装安全规范》（GB 16899—2011）规定的开关。

3）符合《自动扶梯和自动人行道的制造与安装安全规范》（GB 16899—2011）附录 B 规定的其他元件。

（3）符合《自动扶梯和自动人行道的制造与安装安全规范》（GB 16899—2011）规定的可编程电子安全系统，直接切断接触器或接触器式继电器的供电。

电气设备不应与电气安全装置并联，以下情况除外：在检修状态下；为采集电气安全装置的状态信息，与安全回路不同点的连接。

内、外部电感或电容的影响不应引起安全电路失效。

安全电路输出的信号不应被同一电路中设置在其后的另一个电气装置发出的外来信号所改变，以免造成危险后果。

内部动力电源装置的结构和布置，应防止由于转换作用而在电气安全装置的输出端出现错误的信号。自动扶梯或自动人行道的运行或电网上其他设备引起的电压峰值，不应对电子元件产生不允许的干扰（抗扰度）。

启动开关应位于可触及停止开关的范围内。

安全开关的动作应使其触点强制地机械断开，甚至两触点熔接在一起也应强制地机械断开。

当电气安全装置动作时，应能防止驱动主机启动或立即使其停机。工作制动器应起作用。

三、自动扶梯和自动人行道的安全防护装置

自动扶梯和自动人行道安全防护装置的设置要求，引自特种设备安全技术规范《电梯监督检验和定期检验规则——自动扶梯与自动人行道》（TSG T7005—2012）。

1. 转动部件防护

如果转动部件易接近人体或对人体有危险，应当设置有效的防护装置，特别是必须在内部进行维修工作的驱动站或转向站的梯级和踏板转向部分。

2. 出入口防护

如果人员在出入口可能接触扶手带的外缘并且引起危险，则应采取适当的预防措施。例

如，设置固定的阻挡装置以阻止乘客进入该空间；在危险区域内，由建筑结构形成的固定护栏至少增加到高出扶手带 100 mm，且位于扶手带外缘 80~120 mm。

3. 防护挡板

如果建筑物的障碍物会造成人员伤害时，则应采取相应的预防措施。特别是在与楼板交叉处以及各交叉设置的自动扶梯或自动人行道之间，应当设置一个高度不小于0. 30 m、无锐利边缘的垂直固定封闭防护挡板，位于扶手带上方，且延伸至扶手带外缘下至少 25 mm（扶手带外缘与障碍物之间的距离大于等于 100 mm 的除外）。

4. 扶手防攀爬装置

为防止人员跌落，在自动扶梯与自动人行道的外盖板上应当装设防爬装置。

（1）防爬装置应位于地平面上方（1 000±50）mm，下部与外盖板相交，平行于外盖板方向上的延伸长度应不小于1 000 mm，并应当确保在此长度范围内无踩脚处。该装置的高度应至少与扶手带表面齐平。

（2）当自动扶梯或自动人行道与墙相邻，并且外盖板的宽度大于 125 mm 时，在上、下端部应安装阻挡装置，以防止人员进入外盖板区域。当自动扶梯或自动人行道为相邻平行布置，且共用外盖板的宽度大于 125 mm 时，也应安装这种阻挡装置。该装置应延伸到高度距离扶手带下缘 25~150 mm。

（3）当自动扶梯或倾斜式自动人行道和相邻的墙之间装有接近扶手带高度的扶手盖板，并且建筑物（墙）和扶手带中心线之间的距离大于 300 mm 时，应在扶手盖板上装设防滑行装置。该装置应包含固定在扶手盖板上的部件，与扶手带的距离应不小于 100 mm，并且防滑行装置之间的间隙距离应不大于 1 800 mm，高度应不小于 20 mm。该装置应无锐角或锐边。

（4）对相邻自动扶梯或倾斜式自动人行道，扶手带中心线之间的距离大于 400 mm 时，也应满足上述要求。

5. 防夹装置

在自动扶梯的围裙板上应当装设围裙板防夹装置，该防夹装置应满足以下要求：

（1）由刚性和柔性部件（如毛刷、橡胶型材）组成。

（2）在围裙板垂直表面的突出量最小为 33 mm、最大为 50 mm。

（3）刚性部件应有 18~25 mm 的水平突出，柔性部件的水平突出最小为 15 mm、最大为 30 mm。

（4）在倾斜区段，围裙板防夹装置的刚性部件最下缘与梯级表面最高位置的距离应为 25~30 mm。

（5）在过渡区段和水平区段，围裙板防夹装置的刚性部件最下缘与梯级表面最高位置的距离应为 25~55 mm。

（6）刚性部件的下表面应与围裙板形成向上不小于 25°的倾斜角，其上表面应与围裙板形成向下不小于 25°的倾斜角。

（7）围裙板防夹装置的末端部分应逐渐缩减并与围裙板平滑相连。围裙板防夹装置的端点应位于梳齿与踏面相交线前（梯级侧）50~150 mm 的位置。

6. 扶手带入口保护

在扶手转向端的扶手带入口处应设置手指和手的保护装置，该装置动作时，驱动主机应不能启动或应立即停止。

7. 梯级踏板或胶带的驱动元件保护

直接驱动梯级、踏板或胶带的元件（如链条或齿条）断裂或过分伸长时，自动扶梯或自动人行道应自动停止运行。

该装置动作后，只有手动复位故障锁定，并操作开关或检修控制装置才能重新启动自动扶梯和自动人行道。即使电源发生故障或恢复供电，此故障锁定应始终保持有效。

8. 驱动装置与转向装置之间的距离缩短保护

驱动装置与转向装置之间的距离过长或过短时，自动扶梯或自动人行道应当自动停止运行。

9. 梯级或踏板的下陷保护

当梯级或踏板的任何部分下陷导致不再与梳齿啮合，应当有安全装置使自动扶梯或自动人行道停止运行。该安全装置应设置在每个转向圆弧段之前，并与梳齿相交线有足够的距离，以保证下陷的梯级或踏板不能到达梳齿相交线。

该装置动作后，只有手动复位故障锁定，并操作开关或检修控制装置才能重新启动自动扶梯和自动人行道。即使电源发生故障或恢复供电，此故障锁定应始终保持有效。

梯级或踏板的下陷保护不适用于胶带式自动人行道。

10. 梯级或踏板的缺失保护

自动扶梯和自动人行道应当能够通过装设在驱动站和回转站的装置检测梯级或踏板的缺失，并在缺口（由梯级或踏板缺失而导致的）到达梳齿板位置之前停止。

该装置动作后，只有手动复位故障锁定，并操作开关或检修控制装置才能重新启动自动扶梯和自动人行道。即使电源发生故障或恢复供电，此故障锁定应始终保持有效。

11. 检修盖板和上下盖板保护

检修盖板和上下盖板应配备监控装置，当打开桁架区域的检修盖板和（或）移去（或打开）楼层板时，驱动主机应不能启动或者应立即停止。

12. 制动器松闸故障保护

应当设置制动系统监控装置，自动扶梯和自动人行道启动后，如果制动系统没有松闸，驱动主机应当立即停止。

该装置动作后，即使电源发生故障或者恢复供电，此故障锁定应当始终保持有效。

13. 附加制动器

在下列任何一种情况下，自动扶梯和倾斜式自动人行道应当设置一个或多个机械式（利用摩擦原理）附加制动器：

（1）工作制动器和梯级、踏板或者胶带的驱动装置之间不是用轴、齿轮、多排链条、多根单排链条连接的。

（2）工作制动器不是机—电式制动器。

（3）提升高度超过 6 m。

附加制动器应当功能有效。

14. 超速保护

自动扶梯和自动人行道应在速度超过名义速度的 1.2 倍之前自动停止运行。如果采用速度限制装置，该装置应能在速度超过名义速度的 1.2 倍之前切断自动扶梯或自动人行道的电源。

如果自动扶梯或自动人行道的设计能防止超速，则可不考虑上述要求。

该装置动作后，只有手动复位故障锁定，并操作开关或检修控制装置才能重新启动自动扶梯和自动人行道。即使电源发生故障或恢复供电，此故障锁定应始终保持有效。

15. 非操纵逆转保护

自动扶梯或倾斜角不小于 6°的倾斜式自动人行道应设置当梯级、踏板或胶带改变规定运行方向时，能使自动扶梯或自动人行道停止运行的装置。

该装置动作后，只有手动复位故障锁定，并操作开关或检修控制装置才能重新启动自动扶梯和自动人行道。即使电源发生故障或恢复供电，此故障锁定应始终保持有效。

16. 扶手带速度偏离保护

应当设置扶手带速度监控装置，在自动扶梯和自动人行道运行时，当扶手带速度偏离梯级、踏板或者胶带实际速度 15%且时间持续超过 15 s 时，该装置应当使自动扶梯或自动人行道停止运行。

17. 多台连续且无中间出口的自动扶梯或自动人行道停止保护

多台连续且无中间出口或中间出口被建筑物出口（如闸门、防火门）阻挡的自动扶梯或自动人行道，其中的任意一台停止运行时，其他各台应同时停止。

18. 断、错相保护

应设置断、错相保护装置。当运行与相序无关时，可不装设。

19. 紧急停止装置

紧急停止装置应设置在自动扶梯或自动人行道出入口附近、明显且易于接近的位置。紧急停止装置应为红色，应有清晰且永久的中文标识。为方便接近，必要时应当增设附加急停装置。

附加急停装置之间的距离：自动扶梯应不超过 30 m，自动人行道应不超过 40 m。

图 2-14 所示为自动扶梯的部分零部件。

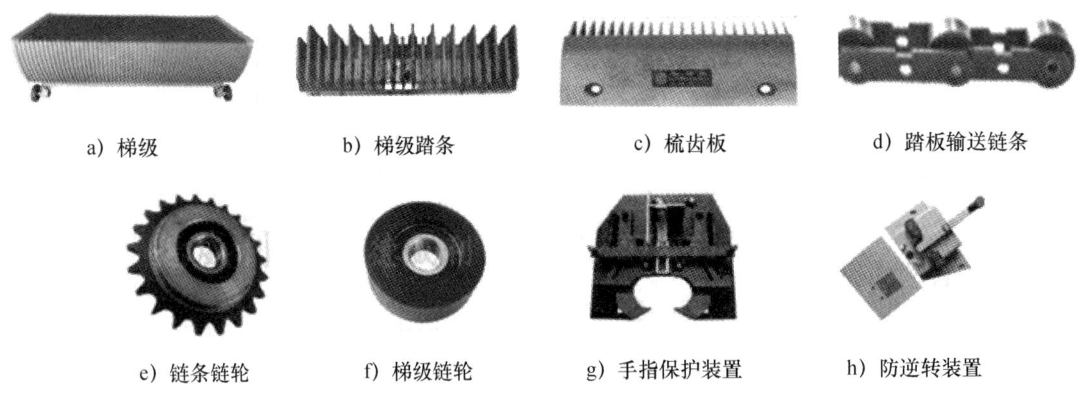

a）梯级　b）梯级踏条　c）梳齿板　d）踏板输送链条

e）链条链轮　f）梯级链轮　g）手指保护装置　h）防逆转装置

图 2-14　自动扶梯的部分零部件

第四节　液压电梯

一、液压电梯的工作原理及组成

液压电梯可以使用多个电动机、液压泵和（或）液压缸，靠电力驱动液压泵输送液压油到液压缸，直接或间接驱动轿厢，实现电梯的运行。其中的间接驱动是借助悬挂装置（钢丝绳或链条）将柱塞或缸筒连接到轿厢或轿厢架上。

液压电梯的组成可以分为驱动主机及其液压系统、导向系统、轿厢和门系统、电气控制系统、安全保护系统等。

二、液压电梯驱动主机及其液压系统要求

液压电梯驱动主机是由液压泵、液压泵电动机和控制阀组成的用于驱动和停止液压电梯的装置。

《液压电梯制造与安装安全规范》（GB 21240—2007）规定了永久安装的新液压电梯的制造与安装应遵守的安全准则，适用于轿厢由液压缸支承或由钢丝绳或链条悬挂并在与垂直面倾斜度不大于15°的导轨间运行，用于运送乘客或货物至指定层站的液压电梯。

1. 相关术语和定义

（1）夹紧装置：当触发时能使下行运动的轿厢停止并在其行程中任一位置保持停止状态以限制沉降范围的机械装置。

（2）电气防沉降系统：防止沉降危险的措施组合。

（3）满载压力：当载有额定载重量的轿厢停靠在最高层站位置时，施加到直接与液压缸连接的管路上的静压力。

（4）棘爪装置：用于停止轿厢非操作下降并将其保持在固定支撑上的一种机械装置。

（5）再平层：液压电梯停止后，允许在装载或卸载期间校正轿厢停止位置的一种动作，必要时可使轿厢连续运动（自动或点动）。

（6）液压缸：组成液压驱动装置的缸筒与柱塞（活塞）的组合。

（7）单作用液压缸：一个方向由液压油的作用产生位移，另一个方向由重力的作用产生位移的液压缸。

（8）下行方向阀：液压回路中用于控制轿厢下降的电控阀。

（9）单向阀：只允许液压油在一个方向流动的阀。

（10）单向节流阀：允许液压油在一个方向自由流动而在另一方向限制性流动的阀。

（11）溢流阀：通过溢流限制系统压力不超过设定值的阀。

（12）节流阀：通过内部的节流通道将出入口连接起来的阀。

（13）破裂阀：当在预定的液压油流动方向上流量增加而引起阀进出口的压差超过设定值时，能自动关闭的阀。

（14）截止阀：一种手动操纵的双向阀，该阀的开启和关闭允许或防止在任一方向上液压油的流动。

2. 总则

每台液压电梯至少应有一台专用的驱动主机。

（1）允许使用直接作用式和间接作用式两种驱动方式。

（2）如果使用若干个液压缸提升轿厢，则这些液压缸管路应相互连接以保证压力的均衡。

（3）平衡重（如果有）的重量计算：在悬挂机构（轿厢/平衡重）断裂的情况下，应保证液压系统中的压力不超过满载压力的 2 倍。

3. 液压缸

（1）液压缸在设计时应考虑到当液压缸全部伸出且承受由满载压力 1.4 倍形成的力作用时，其稳定性安全系数应不低于 2。

（2）对于直接作用式液压电梯，轿厢与柱塞（缸筒）之间应为挠性连接。轿厢与柱塞（缸筒）之间的连接件，应能承受柱塞（缸筒）的重力和附加的动力载荷，连接方式应牢固。如柱塞由两节或两节以上组成，每节之间的连接件应能承受悬挂的柱塞节段的重力和附加的动力载荷。

对于间接作用式液压电梯，柱塞（缸筒）的端部应具有导向装置，其柱塞端部导向装置的任何部件不应在轿厢顶部的垂直投影之内；对于拉伸作用的液压缸，不要求其具有端部导向装置，只要拉伸装置可防止柱塞承受弯曲力的作用。

（3）应采取措施使柱塞在其最高极限位置缓冲制停。

柱塞行程的限制应满足借助于缓冲制停区，或借助于位于液压缸和液压阀之间的机械连杆，关闭通向液压缸的油路，使柱塞制停。该连杆的断裂或伸长不应导致轿厢的减速度超过 1.0 g_n。

缓冲停止应是液压缸的一部分，或由位于轿厢投影部分以外的液压缸的一个或多个外部设备组成，其合力应施加在液压缸的中心线上。缓冲停止的设计应使轿厢的平均减速度不超过 1.0 g_n，且对于间接作用式液压电梯该减速度不会导致松绳或松链。

当处于上述柱塞行程限制和缓冲停止条件的第二种情况时，在液压缸内部应具有限位停止开关，防止柱塞脱出缸筒。

（4）如果液压缸延伸至地下，则应将其安装在保护管中。如果延伸入其他空间，则应给予适当的保护。破裂阀（节流阀）、连接破裂阀（节流阀）与缸筒的硬管以及破裂阀（节流阀）之间互相连接的硬管，亦应给予同样的保护。

自油缸端部泄漏的油液应予以收集。

液压缸应具有放气装置。

（5）对于多级式液压缸，应满足以下要求：

①在相继的多级式柱塞缸节之间应装有限位停止装置，防止柱塞脱离其相应的缸筒。

②对于液压缸位于直接作用式液压电梯轿厢下部的情况，当轿厢位于完全压缩的缓冲器上时，相继的导向架之间以及最高的导向架与轿厢的最低部件［不包括《液压电梯制造与安装安全规范》（GB 21240—2007）中 5.7.2.3b）2）提及的部件，即轿厢最低部件和导轨］之间的净空距离应至少为 0.3 m。

③不具备外部导向的多级式液压缸的每一节段的支承长度至少应 2 倍于相应的柱塞的直径。

④应具有机械或液压同步机构。当液压缸具有液压同步机构时，如系统压力超过满载压力的 20%时，应有一个电气装置防止液压电梯正常启动运行。

⑤当使用钢丝绳或链条作为同步机构时，应至少有 2 根独立的钢丝绳或链条。钢丝绳安全系数应至少为 12，链条安全系数应至少为 10，安全系数为每根钢丝绳（或链条）的最小破断载荷与该钢丝绳（或链条）中的最大受力之比值，且应满足《液压电梯制造与安装安全规范》（GB 21240—2007）中 9. 4. 1 关于滑轮和链轮设置防护装置的要求。当同步机构失效时，应有一个装置防止轿厢下行速度超过其额定速度 v_d+0. 3 m/s。

4. 管路配置

承受压力的管路和附件（管接头、阀等）如同所有液压系统部件一样，应与所使用的液压油相适应，在设计和安装上应避免由于紧固、扭转或搬动产生任何非正常压力。应防止损坏，特别是机械原因造成的损坏。

管路和附件应妥善固定，以便检查。管路（不论是硬管或软管）穿过墙或地面时，应使用套管保护，套管的大小应能在必要时拆卸管路，以便进行检修。

套管内不应有管路的接头。

硬管和软管的相关要求如下：

（1）液压缸和单向阀或下行方向阀之间的硬管和附件，设计上应满足在 2. 3 倍满载压力的作用力下，或在悬挂机构断裂工况形成的力的作用下，保证当材料屈服强度为 $R_{P0.3}$ 时安全系数不小于 1. 7。

当使用多于 2 节的多级式液压缸和液压同步机构时，在计算位于破断阀与单向阀或下行方向阀之间的硬管和附件时，应考虑附加 1. 3 的安全系数。

在液压缸和破断阀之间如果有管路和附件，其计算时所用的压力与计算液压缸时相同。

（2）在选用液压缸与单向阀或下行方向阀之间的软管时，其相对于满载压力和破裂压力的安全系数应至少为 8。

液压缸与单向阀或下行方向阀之间的软管及接头应能承受 5 倍于满载压力的压力而不被破坏。软管固定时，其弯曲半径应不小于制造厂标明的弯曲半径。

5. 停止驱动主机及检查其停止状态

（1）驱动主机由符合《液压电梯制造与安装安全规范》（GB 21240—2007）规定的电气安全装置的动作制停。

对于上行运行的液压电梯，电动机的电源应至少由两个独立的接触器切断，这两个接触器的主触点应串联于电动机供电回路中；或电动机的电源由一个接触器切断，分流阀的供电回路至少由两个串联于该阀供电回路的独立的电气装置来切断。

对于下行运行的液压电梯，下行方向阀的供电回路应至少由两个串联的独立的电气装置切断，或直接由一个电气安全装置切断（该电气安全装置的电气容量应合适）。

当液压电梯停止时，若其中某一个接触器的主触点没有打开或某一个电气装置没有断开，最迟到下一次运行方向改变时，必须防止轿厢再运行。

（2）交流或直流电动机用静态元件供电和控制，应采用下述方法中的一种：

1）用两个独立的接触器来切断电动机电流。液压电梯停止时，如果其中一个接触器的主触点未打开，最迟到下一次运行方向改变时，必须防止轿厢再运行。

2）一个由下述元件组成的系统：切断各相（级）电流的接触器，至少在每次改变运行方向之前应释放接触器线圈，如果接触器未释放，应防止液压电梯再运行；用来阻断静态元件中电流流动的控制装置；用来检验液压电梯每次停车时电流流动阻断情况的监控装置，在正常停车期间，如果静态元件未能有效地阻断电流的流动，监控装置应使接触器释放并应防止液压电梯再运行。

上述用来阻断静态元件中电流流动的控制装置和用来检验液压电梯每次停车时电流流动阻断情况的监控装置不必是《液压电梯制造与安装安全规范》（GB 21240—2007）规定的安全电路。

只有满足《液压电梯制造与安装安全规范》（GB 21240—2007）“故障分析”的规定并获得与上述 1）类似的效果时，才能使用这些装置。

6. 液压控制及安全装置

（1）液压系统应设置截止阀。截止阀应位于机房内，安装在将液压缸连接到单向阀和下行方向阀的油路上。

（2）液压系统应设置单向阀。单向阀应安装在液压泵与截止阀之间的油路上。

当供油系统压力降低至最低工作压力以下时，单向阀应能够将载有额定载重量的轿厢保持在井道内的任一位置上。

单向阀的闭合应由来自液压缸的液体压力，以及至少一个导向压缩弹簧和（或）重力的作用来实现。

（3）液压系统应设置溢流阀。溢流阀应连接到液压泵和单向阀之间的油路上，溢流阀溢出的油应回到油箱。溢流阀应调节到系统压力不超过满载压力的 140%。

由于管路较高的内部损耗（管接头损耗、摩擦损耗），必要时溢流阀可调节到较高的压力值，但不应超过满载压力的 170%。

（4）下行方向阀应由电控保持开启。下行方向阀的关闭应由来自液压缸的液体压力作用以及至少每阀由一个导向压缩弹簧来实现。

对于上行方向阀，如果驱动主机的制停是由上述“5. 停止驱动主机及检查其停止状态”中上行运行所述的第二种方法实现，则仅分流阀用于此目的。分流阀应由电气装置关闭。分流阀的打开应由来自液压缸的液体压力作用以及至少每阀由一个导向压缩弹簧来实现。

（5）破裂阀应能将下行轿厢制停并保持在停止状态，破裂阀最迟当轿厢下行速度达到额定速度 v_d+0. 3 m/s 时动作。

破裂阀的安装位置应便于进行调整和检查。

破裂阀应满足以下条件之一：

1）与液压缸成为一个整体。

2）直接与液压缸法兰刚性连接。

3）放置在液压缸附近，用一根短硬管与液压缸相连，用焊接、法兰连接或螺纹连接均可。

4）用螺纹直接连接到液压缸上。

破裂阀端部应加工成螺纹并具有台阶，台阶应紧靠液压缸端面。

液压缸和破裂阀之间使用其他的连接（如压入连接或锥形连接）都是不允许的。

如果液压电梯具有若干个并联工作的液压缸，可以共用一个破裂阀。否则，若干个破裂阀应相互连接使之同时关闭，以避免轿厢地板由其正常位置倾斜 5%以上。

如果破裂阀的关闭速度由一个节流装置控制，应在该装置前面尽可能接近的位置上设置一个滤油器。

机房内应有一种手动操作方法，在无需使轿厢超载的情况下，使破裂阀达到动作流量。这种方法应禁止误操作，且不应使靠近液压缸的安全装置失效。

（6）应装备节流阀或单向节流阀。

在液压系统泄漏的情况下，节流阀应防止载有额定载重量的轿厢下行时的速度超过其下行额定速度 v_d+0.3 m/s。

节流阀的安装位置应易于接近，便于检修。

节流阀应满足以下条件之一：

1）与液压缸成为一个整体。

2）直接用法兰与液压缸刚性连接。

3）放置在液压缸附近，用一根短硬管与液压缸相连，用焊接、法兰连接或螺纹连接均可。

4）用螺纹直接连接到液压缸上。

节流阀端部应加工成螺纹并具有台阶，台阶应紧靠液压缸端部。

液压缸和节流阀之间使用其他的连接（如压入连接或锥形连接）都是不允许的。

机房内应有一种手动操作方法，在无需使轿厢超载的情况下，使节流阀达到动作流量。这种方法应禁止误操作，且不应使靠近液压缸的安全装置失效。

（7）油箱和液压泵之间的回路中以及截止阀与下行方向阀之间的回路中应安装滤油器或类似装置。截止阀与下行方向阀之间的滤油器或类似装置应是可接近的，以便进行检修和保养。手动紧急下降阀的回路中可不设滤油器。

7. 液压系统压力检查

应装备压力表，压力表应连接到单向阀或下行方向阀与截止阀之间的油路上。

在主回路和压力表接头之间应安装压力表关闭阀。

连接压力表的部位宜加工成 M14×1.5 或 M20×1.5 或 G1/2" 的管螺纹。

8. 油箱

油箱的设计和制造应易于检查油箱中油液的液面高度，易于注油和排油。

9. 速度

上行额定速度 v_m 或下行额定速度 v_d 应不大于 1.0 m/s。

空轿厢上行速度应不超过额定上行速度 v_m 的 8%，载有额定载荷的轿厢下行速度不宜超过额定下行速度 v_d 的 8%。以上两种情况下，速度均与液压油正常温度有关。

对于上行方向运行，假设供电电源频率为额定频率，电动机电压为设备的额定电压。

10. 紧急操作

（1）向下移动轿厢。

液压电梯机房内应具有手动操作紧急下降阀，即使在失电的情况下，允许使用该阀使轿厢向下运行至平层位置，疏散乘客。此时轿厢的下行速度应不超过 0.3 m/s。

该阀的操作要求以持续的手动揿压保持其动作，应防止产生误动作的可能性。

对于有可能发生松绳或松链的间接作用式液压电梯，手动操纵该阀应不能使柱塞产生的下降引起松绳或松链。

（2）向上移动轿厢。

对于轿厢上装有安全钳或夹紧装置的液压电梯，应永久性安装一台手动泵，使轿厢能够向上移动。

手动泵应连接到单向阀或下行方向阀与截止阀之间的油路上。

手动泵应装备溢流阀，以限制系统压力至满载压力的2.3倍。

11. 液压系统液压油的过热保护要求

应具有温度监测装置。当符合下述条件时，该装置应停止驱动主机的运行并保持其停止状态：如果装有温度监控装置的电气设备温度超过了其设计温度，液压电梯不应再继续运行，此时轿厢应停靠层站，以便乘客能离开轿厢；液压电梯应在充分冷却后才能自动恢复上行运行。

第五节　防爆电梯

《防爆电梯制造与安装安全规范》（GB 31094—2014）规定了《爆炸性环境 爆炸预防和防护 第1部分：基本原则和方法》（GB 25285.1—2010）中定义的爆炸性气体环境1区、2区和可燃性粉尘环境21区、22区中使用的防爆电梯制造与安装应遵守的附加安全准则，适用于额定速度不大于1 m/s，电力驱动的曳引式、强制式防爆电梯和液压式防爆电梯的设计、制造、安装、检查和维护。

一、术语及其定义

（1）防爆电气部件：按规定条件设计、制造和安装而不会引起周围爆炸性环境燃烧或爆炸的具有点燃危险的电气部件。

（2）非电气部件：不使用电能可达到其预定功能的电梯部件，如安全钳、缓冲器等，分为防爆非电气部件和其他非电气部件。

（3）防爆非电气部件：按规定条件设计、制造和安装而不会引起周围爆炸性环境燃烧或爆炸的具有点燃危险的非电气部件。

（4）防爆型式：为防止点燃周围爆炸性环境而对防爆电梯采取的各种特定措施。

（5）关联设备：内装本质安全电路和非本质安全电路，且在结构上使非本质安全电路不能对本质安全电路产生不利影响的电气部件。

二、防爆电梯对建筑与环境的要求

（1）机器空间、井道及底坑内使用的建筑材料应为不燃烧体或阻燃材料。机器空间和底坑内不应存放易燃物品，如油布、油纸等。

（2）机器空间、井道及底坑内应采取措施防止粉尘堆积，并便于清扫。

（3）当可燃性物质密度大于空气密度时，应防止底坑内可燃性物质大量积聚；当可燃性物质密度小于空气密度时，应防止井道顶部和机器空间顶部中可燃性物质大量积聚。

（4）防爆电梯的工作环境要求如下：

1）机器空间的环境温度为5～40 ℃。

2）井道的环境温度为-20～40 ℃。

3）整机工作的大气压强为80～110 kPa。

4）整机工作场所的空气中标准氧含量（体积分数）不大于21%。

对超出该范围条件下使用的防爆电梯应做特殊考虑，并可要求增加评定和试验。

三、防爆电梯的基本要求

1. 通则

（1）防爆电梯的低压配电系统的接地形式应为 TN-S（三相五线制）系统。此低压是指交流 500 V 及以下的工频电压。

（2）防爆电梯应具有在爆炸性环境中救援防爆电梯内被困人员的措施。

（3）防爆电梯应具有在爆炸性环境中，不打开控制柜的情况下检测和排除控制柜外本质安全系统故障的功能。故障检测可通过观察控制柜或设备箱外部的显示器或窥视窗实现。

（4）防爆电梯的本质安全系统应符合《爆炸性环境　第 18 部分：本质安全电气系统》（GB/T 3836.18—2017）的规定。

2. 防爆电梯及其防爆电气部件与防爆非电气部件的选用

（1）防爆电梯应与使用环境的爆炸性混合物相适应。同一区域内存在两种或两种以上不同防爆要求的爆炸性混合物时，应选择与防爆要求最高的爆炸性混合物相适应的防爆电梯。

（2）应根据可燃性物质种类确定防爆电梯的防爆类别和级别。

（3）应根据可燃性物质种类确定防爆电梯的防爆温度组别。

（4）应根据防爆电梯成为点燃源的可能性和爆炸性气体环境、可燃性粉尘环境所具有的不同特征而对防爆电梯规定保护级别。

（5）应根据不同的爆炸性环境区域确定防爆电气部件与防爆非电气部件适用的防爆型式。

（6）爆炸性环境发生变化时，应符合《防爆电梯制造与安装安全规范》（GB 31094—2014）的规定。

（7）防爆电气部件与防爆非电气部件工作时的最高表面温度应符合《防爆电梯制造与安装安全规范》（GB 31094—2014）的规定。

3. 电气部件和非电气部件的防爆要求

（1）在正常运行和预期故障状态下可能产生火花、电弧或危险温度的电气部件应采用《防爆电梯制造与安装安全规范》（GB 31094—2014）规定的防爆措施。

（2）对于具有潜在点燃源的非电气部件的危险评定等规定，按《防爆电梯制造与安装安全规范》（GB 31094—2014）的规定。

4. 防爆电梯的安装

（1）通用要求如下：

1）防爆电梯的安装作业不应使安装地点的爆炸性环境具有点燃隐患，当不可避免时（如需要现场焊接或切割等），应采取措施确保现场不形成爆炸性环境。

2）防爆电梯电气部件的安装除符合《防爆电梯制造与安装安全规范》（GB 31094—2014）的规定外，还应符合相关标准的规定。

（2）电气配线要求如下：

1）防爆电气部件的固定电缆可采用热塑性护套电缆、热固护套电缆、合成橡胶护套电缆或矿物绝缘金属护套电缆，且电缆应为阻燃型。移动电缆应采用加厚的氯丁橡胶或其他与之等效的合成橡胶护套电缆。

2）电缆的连接应采用有防松措施的螺栓固定或用压接、钎焊和熔焊的方式固定，不应采用绕接方式固定。

3）易受到机械或其他损伤的电缆应使用管道或电缆槽保护。

4）敷设电缆线路时，因电缆管道穿过不同爆炸性环境区域而在区域交界墙面开设的孔洞，应采用不燃烧体材料严密封堵。

（3）对本质安全电路的附加要求如下：

1）本质安全电路与非本质安全电路电缆应有效隔离，分开束扎固定。

2）本质安全电路的多芯电缆应符合《爆炸性环境 第15部分：电气装置的设计、选型和安装》（GB/T 3836.15—2017）的规定。

3）本质安全电路导线线芯的截面面积应不低于《爆炸性环境 第4部分：由本质安全型“i”保护的设备》（GB 3836.4—2010）的要求。

4）本质安全电路与非本质安全电路接线端子之间应保持不小于50 mm的距离，或用隔离板隔离。

5）本质安全电路的电缆护套应有淡蓝色标识。

6）本质安全电路的关联设备应安装在爆炸性环境区域外，或具有隔爆外壳。

（4）对非本质安全电路的附加要求如下：

1）防爆电气部件上所有的电气线路都应采用电缆引入装置引入，对电缆引入装置的要求见《防爆电梯制造与安装安全规范》（GB 31094—2014）附录B。

2）电气线路的敷设不应出现中间接头，不可避免时应使用防爆分线盒或防爆接线盒连接。

3）电缆线芯的最小截面面积应符合《爆炸性环境 第15部分：电气装置的设计、选型和安装》（GB/T 3836.15—2017）的规定。

（5）接地要求如下：

1）防爆电气部件的金属外壳、金属构架、金属配管及其配件、电缆保护管、电缆的金属护套等非带电裸露金属部分均应有效接地，接地电阻值应不大于4 Ω。

2）防爆电气部件的接地铜线不应互相串联，应分别独立与接地干线连接。接地导线连接件应符合《爆炸性环境 第1部分：设备 通用要求》（GB 3836.1—2010）的规定。

3）本质安全电路的电缆如果有屏蔽层，则屏蔽层的接地应符合《爆炸性环境 第15部分：电气装置的设计、选型和安装》（GB/T 3836.15—2017）的规定。

5. 防爆电梯的使用信息

（1）防爆电梯入口处明显位置上（如召唤箱上）应设置“Ex”字符，字符颜色采用红色，字体采用黑体，第一个字母大写，第二个字母小写，字体的最小高度为15 mm。

（2）在防爆电梯轿厢内明显位置应设置永久性标牌，标牌上除了标出《电梯制造与安装安全规范》（GB 7588—2003）、《液压电梯制造与安装安全规范》（GB 21240—2007）或《杂物电梯制造与安装安全规范》（GB 25194—2010）规定的内容外，还应包括防爆电梯适用的爆炸性环境区域、防爆电梯的防爆类别和温度组别。

（3）提供防爆合格证的防爆电气部件在外壳明显位置应设置防爆标记。

（4）防爆电梯的使用说明书应至少包含以下内容：

1）防爆电梯的主要结构、性能和特点。

2）使用和救援操作说明。

3）培训的要求。

4）维护保养的要求。

5）已知风险和防护措施。

6）安全使用的特殊条件。

6. 防爆电梯的检查与维护

防爆电梯在投入使用前除按相关标准规定的项目进行检查和记录外，还应符合《防爆电梯制造与安装安全规范》（GB 31094—2014）的规定，提供附加技术文件与检查和验证防爆电梯的安全措施和保护措施。

四、防爆电梯的日常维护和定期检查要求

本节有关维护的要求同样适用于防爆电梯故障后的检修活动。

1. 通则

（1）防爆电梯维护和检查工作应由专业技术人员进行。

（2）日常维护和检查前，应由使用单位确认电梯是否仍处于爆炸性环境。

（3）除本质安全电路外，在爆炸性环境中需进行暴露带电防爆电气部件的维护和检查活动时，要求该防爆电气部件断电，并在确保内部元件的表面温度和（或）储存的能量不能引起点燃后，方可打开外壳，除非安全评估证明维护和检查过程不具有点燃危险。

（4）处于可燃性粉尘环境的防爆电气部件与防爆非电气部件，应采取措施防止维护和检查过程中粉尘大量进入其内部。

（5）维护和检查所使用的工具和仪器设备应能满足使用场所的防爆要求。

（6）维护和检查不能降低或损坏防爆电气部件与防爆非电气部件的防爆性能。

（7）防爆电梯除应按《电梯、自动扶梯和自动人行道维修规范》（GB/T 18775—2009）的规定进行日常维护和定期检查外，还应符合其他相关规定。

2. 防爆电梯日常维护的要求

（1）日常维护活动如果涉及防爆电气部件与防爆非电气部件的更换，更换后的部件应不低于原防爆电气部件与防爆非电气部件的性能。

（2）在维护防爆电梯过程中，如果涉及防爆电气部件与防爆非电气部件的修理，则应满足下列要求：

1）爆炸性气体环境用防爆电气部件的修理应符合《爆炸性环境 第 13 部分：设备的修理、检修、修复和改造》（GB 3836.13—2013）的规定。

2）可燃性粉尘环境用防爆电气部件和爆炸性环境用防爆非电气部件的修理，如果仅涉及防爆电气部件与防爆非电气部件的更换，则应满足 1）的要求。

3. 防爆电梯定期检查的要求

（1）定期检查的内容应涉及防爆电气部件与防爆非电气部件的外部完整性和防爆性能，可采用目测或使用检测仪器对防爆电气部件与防爆非电气部件做定期检查，必要时在防爆电梯停用后可拆下防爆电气部件与防爆非电气部件进行试验以确认防爆性能。对爆炸性气体环境用防爆电气部件检查时，还应符合《爆炸性环境 第 16 部分：电气装置的检查与维护》（GB/T 3836.16—2017）中的相关规定。

（2）防爆电梯定期检查的内容和要求见表 2–4。

表 2–4　　防爆电梯定期检查的内容和要求

项目	内容	要求
环境、作业记录	环境的改变	易燃物质是否发生改变 释放源位置和（或）泄漏量是否发生变化 防爆区域等级是否有变更
	作业记录的规范性	防爆电气部件与防爆非电气部件修理、更换记录是否符合要求 外观改变后能否符合整体防爆要求
接地装置	接地干线	接地干线跨越建筑物伸缩缝、沉降缝处的补偿措施有无异常 接地干线搭接焊处的焊缝是否出现锈蚀、裂纹等异常状况
	接地线	螺栓连接的接线端子处有无腐蚀、锈蚀，放松装置是否正常 防静电接地线、跨接线等的接地状况是否良好
	接地电阻	测量接地电阻不大于 4 Ω
电缆布线	电缆	电缆绝缘保护套不应有开裂、老化和机械损伤等异常情况 电缆的敷设方式、路径不应改变原有布局 为避免电缆受到机械损伤而采取的防护措施是否出现异常
	电缆引入装置	有电缆引入的进线口处电缆的密封是否良好，密封圈不应开裂、老化 进线口是否有多股电缆合并接入的情况 无引入电缆的冗余进线口的堵头是否处于有效密封状态 对于永久性停用的防爆电气部件，有关布线是否已经彻底拆除
	电缆连接	电缆线路不应在防爆接线盒（或分线盒）外直接连接 增安型电气部件电缆芯线与接线端子应接触良好且防松措施有效
防爆电气部件与防爆非电气部件	外观与表面	应有“Ex”标志，防爆类别级别、温度组别等标识完好 隔爆外壳应无异常变形、损伤 隔爆透明件不应出现裂纹、损伤等情况 隔爆密封衬垫应齐全、完好 隔爆密封垫片不应出现老化、裂纹现象 充油型部件的油面高度应在油标线范围内，油温不超过规定值
	安装固定	紧固螺栓不应出现腐蚀、锈蚀现象，防松措施有效 垂直安装的充油型部件，其倾斜度不应超过规定值
	相对运动处	相对运动处不应出现碰撞和摩擦，其间隙应符合规定值 防止外部固体坠落物体垂直进入旋转空间的防护措施应完好、有效 运动密封端盖发热处的温度应不超过规定值 滚动轴承不应发出异常声响 轴承端盖或表面不应出现异常温升
	制动器	制动器各制动元件的动作应同步 制动器的制动弹簧可调整时，应符合规定 制动器各制动衬的磨损不应出现明显差异

续表

项目	内容	要求
本质安全电路及关联电路	安全电源	安全栅输入端应可靠接地 独立供电的本质安全设备，更换电池的型号、规格应与要求一致
	标记标识	本质安全电路布线中的电线电缆应有明显、规范的颜色标识 安全栅（或安全电源）输出端应有明显标识
	电线电缆	电线电缆的型号、规格和长度应符合规定要求 如果变更电线电缆的型号、规格或长度，应确认其分布电容、电感不超过设计规定的要求 多芯线电缆启用备用芯线时，电路的连接应按照设计规定

4. 日常维护与定期检查记录

（1）日常维护记录的内容为维护情况说明，如果涉及防爆电气部件与防爆非电气部件的修理或更换则需包含以下内容：

1）修理或更换防爆电气部件与防爆非电气部件的目录。

2）修理或更换防爆电气部件与防爆非电气部件后的检测结果。

3）更换的防爆电气部件的防爆合格证号。

（2）定期检查记录包括以下内容：

1）定期检查的项目。

2）定期检查的结果。

3）定期检查后的整改说明。

第六节　消防电梯

《消防电梯制造与安装安全规范》（GB 26465—2011）适用于具有前室的消防电梯。

一、术语及其定义

（1）消防电梯开关：在井道外面，设置在消防员入口层的开关。发生火灾时，用于控制消防电梯在消防员控制下运行。

（2）消防员入口层：建筑物中，预定用于让消防员进入消防电梯的入口层。

二、安全要求和防护措施

1. 环境、建筑物要求

（1）消防电梯应设置在每层层门前面都设有前室的井道内。每一个前室的空间，应根据担架运输和门的具体位置要求来确定。

如果在同一井道内还有其他电梯，那么整个多梯井道应满足消防电梯井道的耐火要求，其防火等级应与前室的门和机房一致。如果在多梯井道内消防电梯与其他电梯之间没有中间防火墙分隔开，则所有的电梯及其电气设备应与消防电梯具有相同的防火要求，以确保实现消防电梯的功能。

（2）消防电梯在下列条件下应能够正确运行：

1）当环境温度在0~65 ℃时，电气、电子的层站控制装置和指示器应能持续工作一段时间，使消防员能确定轿厢位置（如轿厢被阻滞的位置），以便进行救援。该时间应与建筑物结构的要求相适应。

2）消防电梯不在前室内的其他所有电气、电子器件，应能在0~40 ℃环境温度范围内正常工作。

3）当烟雾充满井道和（或）机房时，消防电梯控制系统的正常功能应至少保持建筑物结构所要求的一段时间。

（3）消防电梯应设置符合《建筑设计防火规范（2018年版）》（GB 50016—2014）规定的前室。

（4）消防电梯有两个轿厢入口时，任何不是预定由消防员使用的电梯层门都应被保护，使它们不会暴露于65 ℃以上的环境温度中。

2. 消防电梯基本要求

（1）消防电梯的设计应符合《电梯制造与安装安全规范》（GB 7588—2003）和《液压电梯制造与安装安全规范》（GB 21240—2007）的规定，并应配备附加的保护、控制和信号装置。

注：在火灾情况下，消防员直接控制并使用消防电梯。

（2）消防电梯应服务于建筑物的每一楼层。

（3）消防电梯的轿厢尺寸和额定载重量宜优先从《电梯主参数及轿厢、井道、机房的型式与尺寸　第1部分：Ⅰ、Ⅱ、Ⅲ、Ⅳ类电梯》（GB/T 7025.1—2008）中选择，其轿厢尺寸应不小于1 350 mm（宽）×1 400 mm（深），额定载重量应不小于800 kg。

轿厢的净入口宽度应不小于800 mm。

在有预定用途（包括疏散）的场合，为了运送担架、病床等，或者设计有两个出入口的消防电梯，其额定载重量应不小于1 000 kg，轿厢的最小尺寸应设计成《电梯主参数及轿厢、开道、机房的型式与尺寸　第1部分：Ⅰ、Ⅱ、Ⅲ、Ⅳ类电梯》（GB/T 7025.1—2008）中所规定的1 100 mm（宽）×2 100 mm（深）。

（4）消防电梯从消防员入口层到顶层的运行时间宜不超过60 s，运行时间从消防电梯轿门关闭时开始计算。

3. 消防员被困在轿厢内的救援

（1）应在轿顶设置一个轿厢安全窗，其尺寸应至少为0.50 m×0.70 m。

（2）从轿厢外救援可使用下列救援方法：

1）符合《电梯制造与安装安全规范》（GB 7588—2003）和《液压电梯制造与安装安全规范》（GB 21240—2007）规定的固定式梯子，应设置在距上层站地坎垂直距离不大于0.75 m范围内。

2）便携式梯子。

3）绳梯。

4）安全绳系统。

无论用何种方法，所有这些工具都应由建筑物业主而不是消防电梯制造商提供。

在每个层站附近都应设置救援工具的安全固定点。

无论轿顶与最近可到达层站地坎之间的距离多长，使用上述装置应能安全地达到轿顶。

（3）从轿厢内自救的方法如下：

1）应提供从消防电梯轿厢内能完全打开轿厢安全窗的方法，如在轿厢内提供合适的踩踏点。任何踩踏点的外缘与对应的垂直轿厢壁之间的自由距离应不小于 0. 10 m。

2）如果使用梯子自救，梯子应该符合《梯子　第 1 部分：术语、型式和功能尺寸》（GB/T 17889. 1—2012）的规定，其设置方式应能使它们安全地展开。

梯子与安全窗的尺寸和位置应能允许消防员通过。

3）在井道内每个层站入口靠近门锁处，应设置简单的示意图或标志，清楚地表明如何打开层门。

（4）如果在轿厢外部设置用于救援的刚性梯子，则应符合下列要求：

1）应提供符合《电梯制造与安装安全规范》（GB 7588—2003）和《液压电梯制造与安装安全规范》（GB 21240—2007）规定的电气安全装置，以确保梯子从其储存位置移开后消防电梯不能移动。

2）梯子的储存位置应避免在正常维护作业时发生绊倒维护人员的危险。

3）梯子的最小长度应按以下方式确定：当消防电梯轿厢停在平层位置时，应能接触到上一层站的层门锁。如果这种梯子不可能设置在轿厢上，则应采用永久固定于井道内的梯子。

4. 轿门和层门

应使用轿门和层门联动的自动水平滑动门。

5. 驱动主机和相关设备

（1）装有消防电梯驱动主机和相关设备的任何区间，应至少具有与消防电梯井道相同的防火等级。当驱动主机和相关设备的机房设置在建筑物的顶部且机房内部及其周围没有火灾危险时除外。

（2）设置在井道外和防火分区外的所有机器区间，应至少具有与防火分区相同的防火等级。防火分区之间的连接（如电缆、液压管路等）也应予以同样的保护。

6. 控制系统

（1）消防电梯开关应设置在预定用作消防员入口层的前室内，该开关应设置在距消防电梯水平距离 2 m 范围内，高度在地面以上 1. 8~2. 1 m 的位置。消防电梯开关应采用规定的标志标示。

（2）消防电梯开关的操作应借助于《电梯制造与安装安全规范》（GB 7588—2003）和《液压电梯制造与安装安全规范》（GB 21240—2007）规定的开锁三角形钥匙。该开关的工作位置应是双稳态的，并应清楚地用“1”和“0”标示。位置“1”是消防员服务有效状态。

该服务有两个阶段：阶段 1 和阶段 2。

附加的外部控制或输入仅能用于使消防电梯自动返回到消防员入口层并停在该层保持开门状态。消防电梯开关只有被操作到位置“1”，才能完成阶段 1 的运行。

（3）在消防电梯开关处于有效状态期间，除下述阶段 1 和阶段 2 所述的反开门装置外，消防电梯的所有安全装置（电气和机械）都应保持有效状态。

（4）消防电梯开关不应取消检修运行控制、停止装置或紧急电动运行控制。

（5）当消防电梯处于消防员服务状态时，层站召唤控制或设置在消防电梯井道外的消防电梯控制系统其他部分的电气故障不应影响消防电梯的功能。与消防电梯在同一群组中的其他任一台电梯的电气故障，均不应影响消防电梯的运行。

（6）为了确保消防员对消防电梯的控制不被延误，消防电梯应设置一个听觉信号，当门开着的实际停顿时间超过 2 min 时在轿厢内鸣响。在超过 2 min 后，此门将试图以减小的动力关闭，在门完全关闭后听觉信号解除。该听觉信号的声级应能在 35~65 dB（A）调整，通常设置在 55 dB（A），而且该信号还应能与消防电梯的其他听觉信号区分开。此功能仅在阶段 1 有效。

（7）阶段 1：消防电梯的优先召回。

阶段 1 可手动或自动进入。一旦进行阶段 1，应确保满足以下要求：

1）所有的层站控制和消防电梯的轿厢内控制均应失效，所有已登记的呼梯均应被取消。

2）开门和紧急报警的按钮应保持有效。

3）可能受到烟和热影响的轿门反开门装置应失效，以允许门关闭。

4）消防电梯应脱离同一群组中的所有其他电梯独立运行。

5）到达消防员入口层后，消防电梯应停留在该层，且轿门和层门保持在完全打开位置。

6）消防服务通信系统应有效。

7）如果进入阶段 1 时消防电梯正处于检修运行或紧急电动运行控制状态下，规定的听觉信号应鸣响，《电梯制造与安装安全规范》（GB 7588—2003）和《液压电梯制造与安装安全规范》（GB 21240—2007）所述的内部对讲系统（如果有）应被启动。当消防电梯脱离上述状态时，该信号应被取消。

8）正在离开消防员入口层的消防电梯，应在可以正常停层的最近楼层做一次正常的停止，不开门，然后返回消防员入口层。

9）在消防电梯开关启动后，井道和机房照明应自动点亮。

（8）阶段 2：在消防员控制下消防电梯的使用。

消防电梯开着门停在消防员入口层以后，消防电梯应完全由轿厢内消防员控制装置所控制，并应确保以下几点：

1）如果消防电梯是由外部信号触发进入阶段 1 的，在消防电梯开关被操作到位置“1”前，消防电梯应不能运行。

2）消防电梯应不能同时登记一个以上的轿厢内选层指令。

3）当轿厢正在运行时，应能登记一个新的轿厢内选层指令，原来的指令应被取消，轿厢应在最短的时间内运行到新登记的层站。

4）登记的指令将使消防电梯轿厢运行到所选择的层站后停止，并保持门关闭。

5）如果轿厢停止在一个层站，通过持续按压轿厢内“开门”按钮应能控制门打开。如果在门完全打开之前释放轿厢内“开门”按钮，门应自动再关闭。当门完全打开后，应保持在打开状态直到轿厢内控制装置上有一个新的指令被登记。

6）除上述（7）中 3）规定的情况外，轿门反开门装置和开门按钮应与阶段 1 一样保持有效状态。

7）操作消防电梯开关从位置“1”到“0”，保持时间不大于 5 s，再回到“1”，则重新进入阶段 1，消防电梯应返回消防员入口层。本要求不适用于 8）所述轿厢内设有消防电梯开关的情况。

8）如果轿厢内设置有附加的消防员钥匙开关，则应用标志标示，并清楚地标明位置“1”和“0”。该钥匙仅能在处于位置“0”时才能拔出。

钥匙开关应按下列方法操作：

①当消防电梯由消防员入口层的消防电梯开关控制而处于消防员服务状态时，为了使轿厢进入运行状态，该钥匙开关应被转换到位置“1”。

②当消防电梯在其他层而不在消防员入口层，且轿厢内钥匙开关被转换到位置“0”时，应防止轿厢进一步运行，并保持门在打开状态。

9）已登记的轿厢内指令应清晰地显示在轿厢内控制装置上。

10）在正常或应急电源有效时，应在轿厢内和消防员入口层显示出轿厢的位置。

11）直到已登记下一个轿厢内指令为止，消防电梯应停留在其目的层站。

12）在阶段 2 期间，规定的消防服务通信系统应保持有效。

13）如果消防员开关被转换到位置“0”，仅当消防电梯已回到消防员入口层时，消防电梯控制系统才应恢复到正常服务状态。

（9）如果消防电梯有两个入口，且消防电梯前室都与消防员入口层的消防电梯前室设置在同一侧，则应符合下列附加要求：

1）在轿厢内靠近两个门的位置均应有控制装置，具体要求如下：

①其中之一供乘客正常使用。

②靠近前室的消防员控制装置仅供消防员使用，并应采用消防电梯的标志标示。

注：《适合于残障人员的电梯附加要求》（GB/T 24477—2009）不适用于消防电梯控制装置。

2）进入阶段 1 时，除开门和报警按钮外，供乘客正常使用的控制装置上的其他按钮都应是无效的。

3）靠近消防电梯前室的消防员控制装置，在进入阶段 2 时应变为有效。

4）预定不被消防员使用的所有层门，在消防电梯恢复到正常运行状态之前应始终保持关闭状态。这些层门的确定取决于建筑设计。

5）面向消防电梯前室的所有层门，在消防电梯恢复到正常运行前都应恢复正常。

（10）轿厢和层站的控制装置。

1）轿厢和层站的控制装置以及相关的控制系统，不应登记因热、烟和湿气影响所产生的错误信号。

2）轿厢和层站的控制装置、轿厢和层站的指示器以及消防电梯开关，其防护等级应至少为《外壳防护等级（IP 代码）》（GB/T 4208—2017）规定的 IPX3 级。除非层站控制装置和层站指示器在消防电梯开关启动时通过电气方式被断开，否则应至少具有《外壳防护等级（IP 代码）》（GB/T 4208—2017）规定的 IPX3 级的防护。

3）在阶段 2 控制时，消防电梯的运行应依靠轿厢内控制装置上的按钮，其他的操作系统都应变成无效状态。

4）在消防电梯轿厢内，除正常的楼层标志外，在轿厢内消防员入口层的按钮之上或其附近，还应设有清晰的消防员入口层的指示，该指示应采用规定的标志。

（11）消防服务通信系统。

1）消防电梯应有交互式双向语音通信的对讲系统或类似的装置，当消防电梯处于阶段1和阶段2时，用于消防电梯轿厢与下列地点之间通信：

①消防员入口层。

②消防电梯机房或标准规定的无机房电梯的紧急操作屏处。如果是在机房内，只有通过按压麦克风的控制按钮才能使其有效。

2）轿厢内和消防员入口层的通信设备应是内置式麦克风和扬声器，不能用手持式电话。

3）通信系统的线路应敷设在井道内。

三、消防电梯的使用信息

（1）与普通电梯不同，消防电梯应设计成当建筑物某些部分发生火灾时，尽可能长时间地运行。在没有火灾时，它可用作乘客电梯。当消防电梯用于消防员服务时，为了降低入口被阻碍的风险，应限制用消防电梯来运送废弃物或货物。

（2）消防电梯安装者应向业主提供使用说明，其内容包括以下列出的详细信息：

1）环境、建筑物要求（如工作温度、未涉及的重大危险）。

2）消防电梯的基本要求（如轿厢尺寸和用途）。

3）消防员被困于消防电梯轿厢内的救援（如救援原理）。

4）控制系统（如功能描述）。

5）消防电梯的电源（如业主的维护责任）。

6）供电转换（如业主的维护责任）。

7）消防服务通信系统（如定期的试验）。

（3）消防员外部救援程序如下：

1）消防员打开轿厢停止位置上方的层门并进入轿顶。

2）轿顶上的消防员打开轿厢安全窗，拉出储存在轿厢上的梯子并将其放入轿厢内。

3）被困人员沿梯子爬上轿顶。

4）消防员和被困人员从打开的层门撤离，如果有必要可利用梯子。

（4）消防员自救程序如下：

1）被困消防员打开轿厢安全窗。

2）被困消防员利用轿厢内的踩踏点或储存在轿厢内储存室里的梯子爬上轿顶。

3）被困消防员利用梯子（如果有必要）从井道内打开层门门锁并撤离。

仅当层门地坎间的距离与梯子的长度相适应时才能使用此方法。

四、消防电梯的标志

标志图形采用白色，背景采用红色，如图2-15所示。

在轿厢操作面板上标志尺寸为20 mm×20 mm，在层站上标志尺寸至少为100 mm×100 mm，两个出入口消防电梯的消防操作面板上的标志尺寸应为20 mm×20 mm。

图2-15　消防电梯标志

第二章　电梯安全管理与安全技术知识

本章共六节，内容包括电梯生产环节、电梯使用环节、电梯符号与乘用图形标志、电梯的安全运行、电梯事故预防与处理方法、电梯与自动扶梯和自动人行道维修规范。

第一节　电梯生产环节

一、电梯生产的许可规则

《特种设备生产和充装单位许可规则》（TSG 07—2019）由国家市场监督管理总局于2019年颁布施行。在中华人民共和国境内使用的特种设备，其生产（设计、制造、安装、改造、修理）的许可适用该规则。

实施电梯生产许可的部门为国家市场监督管理总局和省级人民政府负责特种设备安全监督管理的部门。

电梯生产许可的发证机关为国家市场监督管理总局和省级人民政府负责特种设备安全监督管理的部门。

二、电梯生产的监督检验

电梯生产的监督检验是指由国家市场监督管理总局核准的特种设备检验检测机构，根据规则规定，对电梯安装、改造、重大维修过程进行的监督检验。

电梯生产的监督检验是对电梯生产（含电梯的设计、制造、安装、改造、维修、日常维护保养）单位执行相关法规标准规定、落实安全责任，开展为保证和自主确认电梯安全的相关工作质量情况的查证性检验。电梯生产单位的自检记录或者报告中的结论，是对设备安全状况的综合判定；检验机构出具检验报告中的检验结论，是对电梯生产单位落实相关责任、自主确定设备安全等工作质量的判定。

第二节　电梯使用环节

《特种设备使用管理规则》（TSG 08—2017）于2017年8月1日起施行，电梯安全技术规范《电梯使用管理与维护保养规则》（TSG T5001—2009）同时废止。本节内容和要求出自《特种设备使用管理规则》。

不涉及公共安全的个人（家庭）自用的特种设备不属于《特种设备使用管理规则》的管辖范围。

一、使用单位主要义务

1. 特种设备使用单位含义

使用单位是指具有特种设备使用管理权的单位或者具有完全民事行为能力的自然人，一般是特种设备的产权单位（产权所有人，下同），也可以是产权单位通过符合法律规定的合同关系确立的特种设备实际使用管理者。特种设备属于共有的，共有人可以委托物业服务单位或者其他管理人管理特种设备，受托人是使用单位；共有人未委托的，实际管理人是使用单位；没有实际管理人的，共有人是使用单位。

特种设备用于出租的，出租期间，出租单位是使用单位；法律另有规定或者当事人合同约定的，从其规定或者约定。

新安装未移交业主的电梯，项目建设单位是使用单位；委托物业服务单位管理的电梯，物业服务单位是使用单位；产权单位自行管理的电梯，产权单位是使用单位。

上述所指单位包括公司、子公司、机关事业单位、社会团体等具有法人资格的单位和具有营业执照的分公司、个体工商户等。

2. 特种设备使用单位主要义务

特种设备使用单位主要义务如下：

（1）建立并且有效实施特种设备安全管理制度以及操作规程。

（2）采购、使用取得许可生产（含设计、制造、安装、改造、修理，下同），并且经检验合格的特种设备，不得采购超过设计使用年限的特种设备，禁止使用国家明令淘汰和已经报废的特种设备。

（3）设置特种设备安全管理机构，配备相应的安全管理人员和作业人员，建立人员管理台账，开展安全培训教育，保存人员培训记录。

（4）办理使用登记，领取特种设备使用登记证（以下简称使用登记证），设备注销时交回使用登记证。

（5）建立特种设备台账及技术档案。

（6）对特种设备作业人员作业情况进行检查，及时纠正违章作业行为。

（7）对在用特种设备进行经营性维护保养和定期自行检查，及时排查和消除事故隐患，对在用特种设备的安全附件、安全保护装置及其附属仪器仪表进行定期校验（检定、校准，下同）、检修，及时提出定期检验申请，接受定期检验，并且做好相关配合工作。

（8）制定特种设备事故应急预案，定期进行应急演练；发生事故及时上报，配合事故调查处理等。

（9）保证特种设备安全必要的投入。

（10）法律、法规规定的其他义务。

使用单位应当接受特种设备安全监督管理部门依法实施的监督检查。

二、安全管理机构和人员配备及其职责

1. 安全管理机构职责及设置

（1）安全管理机构职责。

特种设备安全管理机构是指使用单位中承担特种设备安全管理职责的内设机构。

特种设备安全管理机构的职责是贯彻执行特种设备有关法律、法规和安全技术规范以及相关标准，负责落实使用单位的主要义务；承担高耗能特种设备节能管理职责的机构，还应当负责开展日常节能检查，落实节能责任制。

（2）安全管理机构设置。

使用为公众提供运营服务电梯的，或者在公众聚集场所使用30台以上（含30台）电梯的，应当根据本单位电梯的类别、品种、用途、数量等情况设置安全管理机构，逐台落实安全责任人。

为公众提供运营服务的特种设备使用单位是指以特种设备作为经营工具的使用单位。

公众聚集场所是指学校、幼儿园以及医疗机构、车站、机场、客运码头、商场、餐饮场所、体育场馆、展览馆、公园、宾馆、歌剧院、图书馆、儿童活动中心、公共浴池、养老机构等。

2. 人员配备及其职责

（1）主要负责人及其职责。主要负责人是指特种设备使用单位的实际最高管理者，对其单位所使用的特种设备安全节能负总责。

（2）安全管理负责人及其职责。特种设备使用单位应当配备安全管理负责人。特种设备安全管理负责人是指使用单位最高管理层中主管本单位特种设备使用安全管理的人员。按照《特种设备使用管理规则》要求设置安全管理机构的使用单位安全管理负责人，应当取得相应的特种设备安全管理人员资格证书。

安全管理负责人职责如下：

1）协助主要负责人履行本单位特种设备安全的领导职责，确保本单位特种设备的安全使用。

2）宣传、贯彻《中华人民共和国特种设备安全法》（以下简称《特种设备安全法》）以及有关法律、法规、规章和安全技术规范。

3）组织制定本单位特种设备安全管理制度，落实特种设备安全管理机构设置、安全管理人员配备。

4）组织制定特种设备事故应急专项预案，并且定期组织演练。

5）对本单位特种设备安全管理工作实施情况进行检查。

6）组织进行隐患排查，并且提出处理意见。

7）当安全管理人员报告特种设备存在事故隐患应当停止使用时，立即作出停止使用特种设备的决定，并且及时报告本单位主要负责人。

（3）安全管理人员及其职责。

特种设备安全管理人员是指具体负责特种设备使用安全管理的人员。

特种设备使用单位应当根据本单位特种设备的数量、特性等配备适当数量的安全管理人员。按照《特种设备使用管理规则》要求设置安全管理机构的使用单位以及符合《特种设备使用管理规则》相关条件之一的特种设备使用单位，应当配备专职安全管理人员，并且取得相应的特种设备安全管理人员资格证书。使用各类特种设备总量20台以上（含20台）的，应当配备安全管理人员。

除以上规定以外的使用单位可以配备兼职安全管理人员，也可以委托具有特种设备安全管理人员资格的人员负责使用管理，但是特种设备安全使用的责任主体仍然是使用单位。

特种设备安全管理人员的主要职责如下：

1）组织建立特种设备安全技术档案。

2）办理特种设备使用登记。

3）组织制定特种设备操作规程。

4）组织开展特种设备安全教育和技能培训。

5）组织开展特种设备定期自行检查。

6）编制特种设备定期检验计划，督促落实定期检验和隐患治理工作。

7）按照规定报告特种设备事故，参加特种设备事故救援，协助进行事故调查和善后处理。

8）发现特种设备事故隐患，立即进行处理，情况紧急时，可以决定停止使用特种设备，并且及时报告本单位安全管理负责人。

9）纠正和制止特种设备作业人员的违章行为。

（4）作业人员及其职责。

特种设备作业人员应当取得相应的特种设备作业人员资格证书。

特种设备使用单位应当根据本单位特种设备数量、特性等配备相应持证的特种设备作业人员，并且在使用特种设备时应当保证每班至少有一名持证的作业人员在岗。有关安全技术规范对特种设备作业人员有特殊规定的，从其规定。

医院病床电梯、直接用于旅游观光的额定速度大于 2.5 m/s 的乘客电梯以及需要司机操作的电梯，应当由持有特种设备作业人员证的人员操作。

特种设备作业人员主要职责如下：

1）严格执行特种设备有关安全管理制度，并且按照操作规程进行操作。

2）按照规定填写作业、交接班等记录。

3）参加安全教育和技能培训。

4）进行经常性维护保养，对发现的异常情况及时处理，并且做好记录。

5）作业过程中发现事故隐患或者其他不安全因素，应当立即采取紧急措施，并且按照规定的程序向特种设备安全管理人员和单位有关负责人报告。

6）参加应急演练，掌握相应的应急处置技能。

三、安全技术档案

使用单位应当逐台建立特种设备安全技术档案。

安全技术档案至少包括以下内容：

（1）使用登记证。

（2）特种设备使用登记表（以下简称使用登记表）。

（3）特种设备设计、制造技术资料和文件，包括设计文件、产品质量合格证明（含合格证及其数据表、质量证明书）、安装及使用维护保养说明书、监督检验证书、型式试验证书等。

（4）特种设备安装、改造和修理的方案、图样、材料质量证明书和施工质量证明文件、安装改造修理监督检验报告、验收报告等技术资料。

（5）特种设备定期自行检查记录和定期检验报告。

（6）特种设备日常使用状况记录。

（7）特种设备及其附属仪器仪表维护保养记录。

（8）特种设备安全附件和安全保护装置校验、检修、更换记录和有关报告。

（9）特种设备运行故障和事故记录及事故处理报告。

使用单位应当在设备使用地保存以上除（3）（4）规定以外的资料原件或者复印件，以便备查。

四、安全管理制度和操作规程

1. 安全管理制度

特种设备使用单位应当按照特种设备相关法律、法规、规章和安全技术规范的要求，建立健全特种设备使用安全节能管理制度。

管理制度至少包括以下内容：

（1）特种设备安全管理机构（需要设置时）和相关人员的岗位职责。

（2）特种设备经常性维护保养、定期自行检查和有关记录制度。

（3）特种设备使用登记、定期检验申请实施管理制度。

（4）特种设备隐患排查治理制度。

（5）特种设备安全管理人员与作业人员管理和培训制度。

（6）特种设备采购、安装、改造、修理、报废等管理制度。

（7）特种设备应急救援管理制度。

（8）特种设备事故报告和处理制度。

（9）高耗能特种设备节能管理制度。

2. 操作规程

使用单位应当根据所使用设备的运行特点等，制定操作规程。操作规程一般包括设备运行参数、操作程序和方法、维护保养要求、安全注意事项、巡回检查和异常情况处置规定以及相应记录等。

五、电梯维护保养与检查

1. 经常性维护保养

使用单位应当根据设备特点和使用状况对特种设备进行经常性维护保养。维护保养应当符合有关安全技术规范和产品使用维护保养说明的要求。对发现的异常情况及时处理，并且做好记录，保证在用特种设备始终处于正常使用状态。

法律对维护保养单位有专门资质要求的，使用单位应当选择具有相应资质的单位实施维护保养。鼓励其他特种设备使用单位选择具有相应能力的专业化、社会化维护保养单位进行维护保养。

2. 定期自行检查

为保障特种设备的安全运行，特种设备使用单位应当根据所使用特种设备的类别、品种和特性进行定期自行检查。

定期自行检查的时间、内容和要求应当符合有关安全技术规范的规定及产品使用维护保养说明的要求。

3. 隐患排查与异常情况处理

使用单位应当按照隐患排查治理制度进行隐患排查，发现事故隐患应当及时消除，待隐患消除后，方可继续使用。

特种设备在使用中出现异常情况时，作业人员或者维护保养人员应当立即采取应急措施，并且按照规定的程序向使用单位特种设备安全管理人员和单位有关负责人报告。

使用单位应当对出现故障或者发生异常情况的特种设备及时进行全面检查，查明故障和异常情况原因，并且及时采取有效措施，必要时停止运行，安排检验、检测，不得“带病”运行、冒险作业，待故障、异常情况消除后，方可继续使用。

六、电梯的定期检验

首次定期检验的日期和实施改造、拆卸移装后的定期检验日期，由使用单位根据安全技术规范、监督检验报告和使用情况确定。

（1）使用单位应当在特种设备定期检验有效期届满前的 1 个月以内，向特种设备检验机构提出定期检验申请，并且做好相关的准备工作。

（2）定期检验完成后，使用单位应当组织进行特种设备管路连接、密封、附件（含零部件、安全附件、安全保护装置、仪器仪表等）和内件安装、试运行等工作，并且对其安全性负责。

（3）检验结论为合格时，使用单位应当按照检验结论确定的参数使用特种设备。

有关安全技术规范中检验结论为“合格”“复检合格”“符合要求”“基本符合要求”“允许使用”的，统称为合格。

七、电梯的使用标志

特种设备（车用气瓶除外）使用登记标志与定期检验标志合二为一，统一为特种设备使用标志。

电梯的特种设备使用标志固定在电梯轿厢（或扶梯、人行道出入口）易于被乘客看见的部位。

八、应急预案与事故处置

1. 应急预案

根据要求设置特种设备安全管理机构和配备专职安全管理人员的使用单位，应当制定特种设备事故应急专项预案，每年至少演练一次，并且做好记录；其他使用单位可以在综合应急预案中编制特种设备事故应急的内容，适时开展特种设备事故应急演练，并且做好记录。

2. 事故处置

发生特种设备事故的使用单位，应当根据应急预案，立即采取应急措施，组织抢救，防止事故扩大，减少人员伤亡和财产损失，并且按照《特种设备事故报告和调查处理规定》的要求，向特种设备安全监督管理部门和有关部门报告，同时配合事故调查和做好善后处理工作。

发生自然灾害危及特种设备安全时，使用单位应当立即疏散、撤离有关人员，采取防止危害扩大的必要措施，同时向特种设备安全监督管理部门和有关部门报告。

九、设备移装和达到设计使用年限

特种设备移装后，使用单位应当办理使用登记变更。整体移装的，使用单位应当进行自行检查；拆卸后移装的，使用单位应当选择取得相应许可的单位进行安装。按照有关安全技术规范要求，拆卸后移装需要进行检验的，应当向特种设备检验机构申请检验。

特种设备达到设计使用年限，使用单位认为可以继续使用的，应当按照安全技术规范及相关产品标准的要求，经检验或者安全评估合格，由使用单位安全管理负责人同意，主要负责人批准，办理使用登记变更后，方可继续使用。允许继续使用的，应当采取加强检验、检测和维护保养等措施，确保使用安全。

十、电梯的登记及变更、停用和报废注销

1. 电梯的登记及变更

（1）电梯的登记。

1）对使用单位的要求。特种设备在投入使用前或者投入使用后30日内，使用单位应当向特种设备所在地的直辖市或者设区的市的特种设备安全监督管理部门申请办理使用登记。办理使用登记的直辖市或者设区的市的特种设备安全监督管理部门，可以委托其下一级特种设备安全监督管理部门（以下简称登记机关）办理使用登记；对于整机出厂的特种设备，一般应当在投入使用前办理使用登记。流动作业的特种设备，向产权单位所在地的登记机关申请办理使用登记。国家明令淘汰或者已经报废的特种设备，不符合安全性能或者能效指标要求的特种设备，不予办理使用登记。

电梯应当按台（套）向登记机关办理使用登记。使用登记程序包括申请、受理、审查和颁发使用登记证。

使用单位申请办理特种设备使用登记时，应当逐台（套）填写使用登记表，向登记机关提交以下相应资料，并且对其真实性负责：

①使用登记表（一式两份）。

②含有使用单位统一社会信用代码的证明或者个人身份证明（适用于公民个人所有的特种设备）。

③特种设备产品合格证（含产品数据表）。

④特种设备监督检验证明（安全技术规范要求进行使用前首次检验的特种设备，应当提交使用前的首次检验报告）。

可以采用网上申报系统进行使用登记。

2）对登记机关的要求。登记机关收到使用单位提交的申请资料后，能够当场办理的，应当当场出具受理或者不予受理的书面决定；不能当场办理的，应当在5个工作日内出具受理或者不予受理的书面决定。申请资料不齐或者不符合规定时，应当一次性告知需要补正的全部内容。

自受理之日起15个工作日内，登记机关应当完成审查、发证或者出具不予登记的决定，对于一次申请登记数量超过50台或者按单位办理使用登记的可以延长至20个工作日。不予登记的，出具不予登记的决定，并且书面告知不予登记的理由。

登记机关对申请资料有疑问的，可以对特种设备进行现场核查。进行现场核查的，办理

使用登记日期可以延长至20个工作日。

准予登记的特种设备，登记机关应当按照《特种设备使用登记证编号编制方法》编制使用登记编号，签发使用登记证，并且在使用登记表最后一栏签署意见、盖章。

采用纸质申报方式进行使用登记的，登记机关应当将特种设备产品合格证及其产品数据表复印一份，与使用登记表一同存档，并且将使用单位申请登记时提交的资料交还使用单位。

（2）电梯的变更登记。

按台（套）登记的特种设备改造、移装、变更使用单位或者使用单位更名、达到设计使用年限继续使用的，相关单位应当向登记机关申请变更登记。

办理特种设备变更登记时，如果特种设备产品数据表中的有关数据发生变化，使用单位应当重新填写产品数据表。变更登记后的特种设备，其设备代码保持不变。

1）改造变更。特种设备改造完成后，使用单位应当在投入使用前或者投入使用后30日内向登记机关提交原使用登记证、重新填写的使用登记表（一式两份）、改造质量证明资料以及改造监督检验证书（需要监督检验的），申请变更登记，领取新的使用登记证。

2）移装变更。

①在登记机关行政区域内移装的特种设备，使用单位应当在投入使用前向登记机关提交原使用登记证、重新填写的使用登记表（一式两份）和移装后的检验报告（拆卸移装的），申请变更登记，领取新的使用登记证。

②跨登记机关行政区域移装特种设备的，使用单位应当持原使用登记证和使用登记表向原登记机关申请办理注销。原登记机关应当注销使用登记证，并且在原使用登记证和原使用登记表上做注销标记，向使用单位签发特种设备使用登记证变更证明。

移装完成后，使用单位应当在投入使用前，持特种设备使用登记证变更证明、标有注销标记的原使用登记表和移装后的检验报告（拆卸移装的），按照《特种设备使用管理规则》使用登记程序和资料与信息的要求向移装地登记机关重新申请使用登记。

3）单位变更。特种设备需要变更使用单位，原使用单位应当持原使用登记证、使用登记表和有效期内的定期检验报告到登记机关办理变更；或者产权单位凭产权证明文件，持原使用登记证、使用登记表和有效期内的定期检验报告到登记机关办理变更。登记机关应当在原使用登记证和原使用登记表上做注销标记，签发特种设备使用登记证变更证明。

新使用单位应当在投入使用前或者投入使用后30日内，持特种设备使用登记证变更证明、标有注销标记的原使用登记表和有效期内的定期检验报告，按照《特种设备使用管理规则》使用登记程序和资料与信息的要求重新办理使用登记。

4）更名变更。使用单位或者产权单位名称变更时，使用单位或者产权单位应当持原使用登记证、单位名称变更的证明资料，重新填写使用登记表（一式两份），到登记机关办理更名变更，换领新的使用登记证。2台以上批量变更的，可以简化处理。登记机关在原使用登记证和原使用登记表上做注销标记。

5）达到设计使用年限继续使用的变更。对达到设计使用年限继续使用的特种设备，使用单位应当持原使用登记证、按照《特种设备使用管理规则》关于达到设计使用年限的特种设备的规定办理的相关证明材料，到登记机关申请变更登记。登记机关应当在原使用登记证右上方标注“超设计使用年限”字样。

6）不得申请办理移装变更、单位变更的情况。有下列情形之一的特种设备，不得申请办理移装变更、单位变更：

①已经报废或者国家明令淘汰的。

②进行过非法改造、修理的。

③无特种设备安全技术档案中（3）（4）项规定的技术资料的。

④达到设计使用年限的。

⑤检验结论为不合格或者能效测试结果不满足法规、标准要求的。

2. 电梯的停用和报废注销

（1）电梯的停用。特种设备停用1年以上的，使用单位应当采取有效的保护措施，并且设置停用标志，在停用后30日内填写特种设备停用报废注销登记表，告知登记机关。重新启用时，使用单位应当进行自行检查，到登记机关办理启用手续；超过定期检验有效期的，应当按照定期检验的有关要求进行检验。

（2）电梯的报废注销。对存在严重事故隐患，无改造、修理价值的特种设备，或者达到安全技术规范规定的报废期限的，应当及时予以报废，产权单位应当采取必要措施消除该特种设备的使用功能。特种设备报废时，按台（套）登记的特种设备应当办理报废手续，填写特种设备停用报废注销登记表，向登记机关办理报废手续，并且将使用登记证交回登记机关。

非产权所有者的使用单位经产权单位授权办理特种设备报废注销手续时，需提供产权单位的书面委托或者授权文件。

使用单位和产权单位注销、倒闭、迁移或者失联，未办理特种设备注销手续的，登记机关可以采用公告的方式停用或者注销相关特种设备。

十一、电梯专用钥匙的管理与使用

电梯专用钥匙有层门三角钥匙、操纵盘钥匙和机房钥匙。

1. 专用钥匙的管理要求

（1）必须由持证的人员使用，其他人员不得使用。

（2）使用的三角钥匙上必须附有安全警示牌或在三角锁孔的周边贴有警示牌。

（3）持证的电梯安全管理人员负责收集管理三角钥匙，电梯司机出现变动应做好交接。

（4）严禁任何人把三角钥匙交给无关人员使用。

2. 三角钥匙的正确使用方法与步骤

（1）打开层门口的照明装置，清除各种杂物，周围不得有其他人员。

（2）把三角钥匙插入开锁孔，确认开锁的方向。

（3）操作人员应站好，保持重心平稳，然后按照开锁方向缓慢开锁。

（4）打开层门时，应先确定轿厢位置，防止轿厢不在本层，造成踏空坠落事故。

（5）门锁打开后，先把层门推开一条约100 mm宽的缝，取下三角钥匙，观察井道内情况，特别是要注意此时层门不能开得太大。完成工作要离开楼层时，应确定层门已可靠锁闭。

第三节　电梯符号与乘用图形标志

一、电梯符号

《电梯操作装置、信号及附件》（GB/T 30560—2014）规定了电梯的代表性符号，见表 3-1。

电梯使用的符号应与表 3-1 所示大致相同。表 3-1 中的符号仅是代表性的，不需要精确复制。对于特殊要求，见《电梯操作装置、信号及附件》（GB/T 30560—2014）附录 B。

表 3-1 中的仿形箭头也可以采用符合《设备用图形符号表示规则 第 2 部分：箭头的形式和使用》（GB/T 16902. 2—2008）规定的箭头符号。

表 3-1　　电梯的代表性符号

符号	名称	描述
	报警按钮	铃形符号
	再开门按钮	仿形箭头
	关门按钮	仿形箭头
	停止使用标志	红色圆盘带白色水平线，表示“禁止进入”
	超载指示	仿形秤盘
	方向指示 ——呼梯按钮 ——指示器箭头 ——方向箭头	仿形箭头
	通信已建立指示	绿色的仿形通信标志
	助听环路系统指示	用蓝色表示助听环路系统符号
	无障碍标志	蓝色的无障碍符号
	星形	仿形五角星

二、电梯、自动扶梯和自动人行道乘用图形标志

《电梯、自动扶梯和自动人行道乘用图形标志及其使用导则》（GB/T 31200—2014）规定了电梯、自动扶梯和自动人行道的导向信息与乘用安全图形标志及其使用导则，适用于安装在公共场所的电梯、自动扶梯和自动人行道。

导向信息是引导人们方向的信息。图形标志可以跨越语言和文化障碍，直观、快速地传递信息。

乘用安全标志传递电梯、自动扶梯和自动人行道乘用安全信息，使乘客在尽可能少地依赖文字的情况下即获得迅速理解，更加安全地乘用电梯、自动扶梯和自动人行道，从而有效避免因不正确地乘用电梯、自动扶梯和自动人行道可能造成的各种危险并预防事故发生。

1. 术语和定义

电梯、自动扶梯和自动人行道乘用图形标志涉及的术语和定义见表 3-2。

表 3-2　　电梯、自动扶梯和自动人行道乘用图形标志涉及的术语和定义

术语	定义
公共场所	提供公共服务或人员活动密集的设施和场所
图形符号	以图形为主要特征，信息传递不依赖于语言的符号
标志	由符号、文字、颜色和几何形状（或边框）等组合形成的传递特定信息的视觉形象
标志用图形符号	用于图形标志，表示公共、安全、交通、包装储运等信息的图形符号
图形标志	由标志用图形符号、颜色、几何形状（或边框）等组合形成的标志
乘用安全标志	由安全符号与安全色、安全形状等组合形成，传递特定的电梯、自动扶梯和自动人行道的乘用安全信息的标志 根据安全色与安全形状不同组合所形成的标志含义，乘用安全标志分为禁止标志、警告标志、指令标志、提示标志（安全条件标志）和消防设施标志等
禁止标志	禁止某种行为或动作的乘用安全标志
警告标志	提醒注意周围环境、事物，避免潜在危害的乘用安全标志
指令标志	强制采取某种安全措施或做出某种动作的乘用安全标志
提示标志（安全条件标志）	提示安全行为或指示安全设备、安全设施以及疏散路线所在位置的乘用安全标志
消防设施标志	指示消防设施所在位置和提示如何使用消防设施的乘用安全标志
导向信息图形标志	传递电梯、自动扶梯和自动人行道及其服务功能等信息的图形标志
辅助标志	用文字解释另一标志所传递信息，为该标志提供补充说明，起辅助作用的标志
组合标志	在同一标志载体上由乘用安全标志和辅助标志形成的共同表达某一信息的标志
多重标志、集合标志	在同一标志载体上由两个或多个乘用安全标志和（或）组合标志形成的表达多个信息的标志

2. 图形标志的类型

图形标志的类型包括导向信息图形标志和乘用安全标志。

导向信息图形标志的图形符号见表 3-3，电梯的乘用安全标志见表 3-4，自动扶梯和自动人行道的乘用安全标志见表 3-5。

表 3-3　　导向信息图形标志的图形符号

图形符号	含义	说明
	电梯	表示公用电梯或其位置
	载货电梯	表示主要运输货物的电梯或其位置
	无障碍电梯	表示可供残疾人、老年人、伤病人等行动不便人员乘用的电梯或其位置
	病床电梯或医用电梯	表示运送病床（包括病人）及相关医疗设备的电梯或其位置
	汽车电梯	表示运送汽车的电梯或其位置
	上行自动扶梯	表示上行自动扶梯或其位置，不表示楼梯
	下行自动扶梯	表示下行自动扶梯或其位置，不表示楼梯
	自动扶梯	表示自动扶梯或其位置，不表示楼梯
	自动人行道	表示自动人行道或其位置

表 3-4　　　　电梯的乘用安全标志

图形标志	名称	含义和说明	位置范围和地点
	消防电梯	设置在建筑的耐火封闭结构内，具有前室和备用电源，在正常情况下为乘客使用，在建筑发生火灾时其附加的保护、控制和信号等功能能专供消防员使用的电梯 在轿厢操作面板上标志尺寸为 20 mm×20 mm，在层站上标志尺寸至少为 100 mm×100 mm，两个出入口消防电梯的消防操作面板上的标志尺寸应为 20 mm×20 mm 消防设施标志	消防电梯的层站入口处和轿厢内
	禁止火灾时使用	禁止在发生火灾时使用电梯 禁止标志	层站入口处
	禁止地震时使用	禁止在地震时使用电梯 禁止标志	层站入口处
	禁止进水时使用	禁止在电梯进水时使用电梯 禁止标志	层站入口处和轿厢内
	禁止入内	禁止进入易造成人员伤害的场所 禁止标志	机房门、井道安全门等
	禁止携带易燃及易爆物品	禁止携带和运送易燃、易爆物品及其他危险品 禁止标志	层站入口处和轿厢内
	禁止携带有毒物品和有害液体	禁止携带有毒物品和有害液体 禁止标志	层站入口处和轿厢内
	禁止吸烟	禁止在轿厢内吸烟 禁止标志	轿厢内

续表

图形标志	名称	含义和说明	位置范围和地点
	禁止倚靠	禁止倚靠在层门和轿门上 禁止标志	轿门和层门
	禁止撞击	禁止撞击层门、轿门和轿壁等 禁止标志	层门、轿门和轿壁等
	禁止扒门	禁止乘客扒开电梯层门或轿门 禁止标志	层门和轿门
	禁止玩耍	禁止在层站附近和轿厢内玩耍、踢撞 禁止标志	层站附近和轿厢内
	禁止跑入	禁止关门时跑入轿厢 禁止标志	层站入口处
	禁止用尖硬物品按按钮	禁止用尖硬、锋利的物品去触碰按钮 禁止标志	层站入口处和轿厢内
	当心夹手	乘用电梯时，注意手不要放在门与门之间，以及门与门框之间 警告标志	层站入口处和轿厢内
	当心夹绳	进出电梯时，防止门夹住绳索或皮带 警告标志	层站入口处和轿厢内
	当心夹住薄板	进出电梯时，防止门夹住薄板状物体，如夹板、玻璃板等 警告标志	层站入口处和轿厢内

续表

图形标志	名称	含义和说明	位置范围和地点
	身体阻止关门危险	乘用电梯时，不要跨立在层站和轿厢之间 警告标志	层站入口处和轿厢内
	请陪同儿童乘电梯	儿童应在成人陪同下乘电梯 提示标志	层站入口处和轿厢内
	请伴随行动不便人员乘梯	行动不便人员乘用电梯时，宜有人伴随 提示标志	层站入口处和轿厢内

表 3-5　　自动扶梯和自动人行道的乘用安全标志

图形标志	名称	含义和说明	设置范围和地点
	禁止进入	禁止从该方向进入自动扶梯和自动人行道 如果该标志类别为电气显示装置，其外圆直径应不小于 50 mm。当显示装置熄灭时，不应出现可见的标志 禁止标志	自动扶梯和自动人行道的出口
	禁止吸烟	禁止在自动扶梯和自动人行道上吸烟 禁止标志	自动扶梯和自动人行道的入口
	禁止行走或奔跑	禁止在自动扶梯上行走或奔跑 禁止标志	自动扶梯的出口
	禁止攀爬骑乘扶手带	禁止乘客攀爬、骑乘扶手带 禁止标志	自动扶梯和自动人行道的出入口
	禁止玩耍	禁止在自动扶梯和自动人行道附近玩耍 禁止标志	自动扶梯和自动人行道的出入口

续表

图形标志	名称	含义和说明	设置范围和地点
	禁止在出入口附近停留	禁止在运行的自动扶梯和自动人行道出入口停留 禁止标志	自动扶梯和自动人行道的出入口
	禁止赤脚者乘用	禁止赤脚者乘用自动扶梯和自动人行道 禁止标志	自动扶梯和自动人行道的入口
	禁止反方向站立	禁止反方向站立在运行中的自动扶梯和自动人行道上 禁止标志	自动扶梯和自动人行道的入口
	禁止运输笨重物品	禁止利用自动扶梯和自动人行道运输笨重物品 禁止标志	自动扶梯和自动人行道的入口
	禁止将物品放在扶手带上	禁止将携带的物品放在扶手带上 禁止标志	自动扶梯和自动人行道的入口
	禁止携带超长物品	禁止在自动扶梯和自动人行道上携带超长物品 禁止标志	自动扶梯和自动人行道的入口
	禁止尖硬物插入	禁止将尖硬物插入自动扶梯和自动人行道的梯级或踏板的凹槽、缝隙中 禁止标志	自动扶梯和自动人行道的入口
	禁止蹲或坐	禁止在自动扶梯和自动人行道上蹲或坐 禁止标志	自动扶梯和自动人行道的出入口

续表

图形标志	名称	含义和说明	设置范围和地点
	禁止头和肢体伸到扶手带外	禁止将头和肢体伸到扶手带外 禁止标志	自动扶梯和自动人行道的垂直防护挡板和入口
	禁止倚靠	禁止倚靠自动扶梯和自动人行道的护壁板和扶手带 禁止标志	自动扶梯和自动人行道的入口
	禁止踩踏	禁止踩踏自动扶梯和自动人行道的防夹装置（如毛刷、橡胶条） 禁止标志	自动扶梯和自动人行道的入口
	禁止使用手推车	禁止在自动扶梯和自动人行道上使用手推车 禁止标志 [《自动扶梯和自动人行道的制造与安装规范》（GB 16899—2011）规定应设置的标志]	自动扶梯和自动人行道的入口
	当心卡住鞋跟	乘用自动扶梯和自动人行道时，注意高跟鞋的鞋跟不要被凹槽或缝隙卡住 警告标志	自动扶梯和自动人行道的入口
	当心碰头	注意有碰头危险 警告标志	有可能产生碰头的位置，如防护挡板处，梯级、踏板或胶带上方垂直净高度小于2.3 m处
	当心夹住衣物	乘用自动扶梯和自动人行道时，注意防止夹住衣物 警告标志	自动扶梯和自动人行道的入口
	当心夹住软底鞋	乘用自动扶梯和自动人行道时，注意软底鞋不要被缝隙卡住 警告标志	自动扶梯和自动人行道的入口

续表

图形标志	名称	含义和说明	设置范围和地点
	必须拉住小孩	乘用自动扶梯和自动人行道时，必须拉住小孩 指令标志 ［《自动扶梯和自动人行道的制造与安装规范》（GB 16899—2011）规定应设置的标志］	自动扶梯和自动人行道的入口
	必须抱着宠物	乘用自动扶梯和自动人行道时，必须抱着宠物 指令标志 ［《自动扶梯和自动人行道的制造与安装规范》（GB 16899—2011）规定应设置的标志］	自动扶梯和自动人行道的入口
	必须握住扶手带	乘用自动扶梯和自动人行道时，必须握住扶手带 指令标志 ［《自动扶梯和自动人行道的制造与安装规范》（GB 16899—2011）规定应设置的标志］	自动扶梯和自动人行道的入口
	进入方向	从该入口乘用自动扶梯和自动人行道 如果该标志类别为电气显示装置，其外圆直径应不小于 50 mm。当显示装置熄灭时，不应出现可见的标志 提示标志	自动扶梯和自动人行道的入口
	请迈步离开	离开自动扶梯和自动人行道的梯级或踏板时，迈步跨过梳齿板 提示标志	自动扶梯和自动人行道的出口
	请迈步进入	乘用自动扶梯和自动人行道时，迈步跨过梳齿板，站立在梯级或踏板上 提示标志	自动扶梯和自动人行道的入口
	请站在警示线内	乘用自动扶梯和自动人行道时，双脚站立在警示线内 提示标志	自动扶梯和自动人行道的入口
	请伴随行动不便人员乘梯	行动不便人员乘用自动扶梯和自动人行道时应有人伴随 提示标志	自动扶梯和自动人行道的入口

3. 图形标志的要求

（1）导向信息图形标志。

1）使用图形符号设计导向要素时，应符合《公共信息导向系统　导向要素的设计原则与要求》（GB/T 20501）、《公共信息图形符号　第 1 部分：通用符号》（GB/T 10001. 1—2012）、《标志用公共信息图形符号　第 3 部分：客运货运符号》（GB/T 10001. 3—2011）和《标志用公共信息图形符号　第 9 部分：无障碍设施符号》（GB/T 10001. 9—2008）的规定；使用小型图形符号设计便携印刷品时，应符合《公共信息导向系统　要素的设计原则与要求　第 5 部分：便携印刷品》（GB/T 20501. 5—2006）的规定。

2）应从表 3-3 中选取图形符号形成导向信息图形标志；如果使用《电梯、自动扶梯和自动人行道乘用图形标志及其使用导则》（GB/T 31200—2014）以外的图形符号，应符合上述 1）的规定。

3）应根据实际场景的具体情况或与之组合使用的方向符号所指的方向，使用表 3-3 中的图形符号或其镜像图形符号。

4）根据设计需要，表 3-3 中的图形符号仅允许等比例放大或缩小，可将图形符号栏中的正方形符号边线的四角改为圆角；在使用沉底色形成符号区域时，应使该区域与正方形符号边线重合，并删除正方形符号边线。

5）表 3-3 给出的含义仅为图形符号的广义概念，可根据所要表达的具体对象给出相应名称。例如，含义为“电梯”的图形符号可给出“电梯”“乘客电梯”“职工电梯”等具体名称，同时英文也应根据具体中文名称做相应的调整。

（2）乘用安全标志。

1）乘用安全标志的设计应符合《图形符号　安全色和安全标志　第 1 部分：安全标志和安全标记的设计原则》（GB/T 2893. 1—2013）、《图形符号　安全色和安全标志　第 3 部分：安全标志用图形符号设计原则》（GB/T 2893. 3—2010）和《安全标志及其使用导则》（GB 2894—2008）的规定。

2）应从表 3-4 中选取电梯的乘用安全标志，从表 3-5 中选取自动扶梯和自动人行道的乘用安全标志；如果需要使用《电梯、自动扶梯和自动人行道乘用图形标志及其使用导则》（GB/T 31200—2014）以外的乘用安全标志，应符合上述 1）的规定。

3）除表 3-4 对电梯的乘用安全标志尺寸有特殊要求外，电梯的乘用安全标志外接圆直径应不小于 50 mm；除表 3-5 对自动扶梯和自动人行道的乘用安全标志尺寸有特殊要求外，自动扶梯和自动人行道的乘用安全标志外接圆直径应不小于 80 mm。

使用小型乘用安全标志设计便携印刷品时，宜符合《公共信息导向系统　要素的设计原则与要求　第 5 部分：便携印刷品》（GB/T 20501. 5—2006）的规定。

4）可使用文字对乘用安全标志上图形符号的含义进行补充说明。文字应在单独的辅助标志中或作为组合标志的组成部分。辅助标志、组合标志及多重标志的设计应符合《图形符号　安全色和安全标志　第 1 部分：安全标志和安全标记的设计原则》（GB/T 2893. 1—2013）中的有关规定。

5）乘用安全标志的类别选用应符合《安全色和安全标志　安全标志的分类、性能和耐久性》（GB/T 26443—2010）中的有关规定。乘用安全标志在电梯、自动扶梯和自动人行道的整个寿命期内应满足以下要求：

①永久性。

②图形和字迹（如果有）清晰。

③色彩永不褪色。

④适应所有预期的环境条件，并不因环境因素（如液体、气体、烟雾、温度、光等）损坏。

⑤耐磨损。

⑥尺寸稳定。

4. 图形标志的设置

（1）导向信息图形标志的位置设置应符合《公共信息导向系统　设置原则与要求》（GB/T 15566）的有关规定。

（2）乘用安全标志应设置在相应危险位置或部件附近的醒目处，应符合表 3-4 和表 3-5 的规定。多个标志在一起设置时，应按禁止、警告、指令、提示类型的顺序，先左后右、先上后下地排列。表 3-4 中“消防电梯”乘用安全标志应单独设置。

5. 检查与维护

（1）导向信息图形标志应保持正确、清晰和完整。

（2）表 3-4 中“消防电梯”乘用安全标志与表 3-5 中“禁止使用手推车”“必须拉住小孩”“必须抱着宠物”“必须握住扶手带”乘用安全标志应作为电梯部件，其他乘用安全标志应由使用单位根据需要设置。

（3）所有乘用安全标志应定期检查和维护。如果发现缺失、破损、变形、褪色等缺陷，应及时修整或更换。

（4）电梯的运营使用单位应当将安全使用说明、安全注意事项和警示标志置于易于引起乘客注意的位置。

第四节　电梯的安全运行

一、电梯安全运行的基本条件

电梯安全运行需要以下基本条件：

（1）电梯应当符合相应的安全技术规范，经检验机构监督检验和定期检验并合格。

（2）电梯应当由取得相应电梯维修项目许可的单位进行维护保养，维护保养后的电梯应当符合相应的安全技术规范，处于正常的运行状态。

（3）电梯安全管理人员和电梯作业人员应当遵守职业道德规范，遵守电梯安全管理制度，认真履行工作职责，发现事故隐患及时报告和处理。电梯使用单位应当及时消除事故隐患。

（4）电梯乘客应当遵守电梯乘用要求，正确使用电梯。

二、电梯作业人员职业道德规范

职业道德是所有从业人员在职业活动中应该遵循的行为准则，规范是指明文规定或约定俗成的标准。

我国《公民道德建设实施纲要》提出，“要大力倡导以爱岗敬业、诚实守信、办事公道、服务群众、奉献社会为主要内容的职业道德”，这是对我国各行各业从业人员提出的应当遵循的行为准则。

（1）爱岗敬业是职业道德的基础与核心，是职业道德所倡导的首要规范。

（2）诚实守信是职业道德的根本，是最重要的职业道德规范要求。

（3）办事公道是职业道德的基本准则，是重要的职业道德规范。

（4）服务群众是职业行为的本质，是从业人员必须遵守的道德规范。

（5）奉献社会是职业道德的最高要求，是大力提倡和发扬的职业道德。

三、电梯司机安全操作基本规程

电梯司机应当认真阅读电梯使用维护保养说明书，了解所操作电梯的原理、性能，熟练掌握操作电梯和处理紧急情况的技能。

1. 电梯运行前司机应做好的准备与检查工作

（1）开启层门进入轿厢（要特别注意观察轿厢是否停在该层站）。

（2）开启轿内照明。

（3）对电梯轿厢、层门踏板滑动槽和其他负责区域内进行日常清洁。

（4）将控制开关旋至“司机”或“正常”位置，电梯自基站起逐层上下运行，观察、检查和试验以下项目：

1）观察选层、启动、换速、平层、开关门速度及安全触板等有无异常现象和异常声响。

2）检查各种指示灯、信号灯指示是否正确。

3）检查各限位开关、停止按钮等动作是否正确，有无不起作用的现象。

4）检查各层门和轿门关闭情况，层门和轿门电气联锁是否良好。

5）试验警铃是否好用，电话是否灵敏畅通。

观察、检查和试验后，确认电梯无异常情况方可投入正常使用。

2. 电梯运行中司机应注意的事项

（1）疏导乘客不要在层门和轿门间停留，提醒乘客不要倚靠轿门，禁止乘客在轿厢内吸烟，制止乘客蹦跳、打闹等危险动作，禁止乘客摆弄操纵箱上的开关和按钮。

（2）禁止超载，一旦超载报警应劝下超载人员。

（3）不得开启轿顶安全窗装运超长物件。

（4）不得将检修开关、急停开关作为正常运行开关使用。

（5）禁止用手以外的其他部位或用笔、棍等物，代替手指操纵电梯。

（6）乘客电梯禁止装运易燃易爆等危险品。

（7）客货电梯载货时，货物在轿厢内应尽可能摆放均匀、平稳牢固，避免集中载荷、偏载或因货物倾倒伤人、损坏设备。

（8）行驶时不得突然换向。必要时应先将轿厢停止，再换向启动。

（9）司机在服务时间内，不能做与操作电梯无关的工作，不准脱离岗位。如果必须离开轿厢时，应将轿厢停在基站，断开轿厢内电源开关，关闭层门，并发出有关告示。

（10）使用中出现异常情况，司机应停止运行，并向管理人员报告，由管理人员负责处理。

3. 电梯运行后司机应做好的工作

（1）如果无交接班，应将电梯停在基站，关闭电梯控制电源、照明和层门。

（2）如果有交接班，应当面交接，做好交接班记录。

四、电梯的特殊功能操作

1. “专用”或“直驶不停”控制操作

电梯“专用”控制或“直驶不停”控制，也有称之为“独立运行”控制或“优先运行”控制，这两种控制功能一般只选用一种用于某电梯控制中。但对于个别电梯，也有同时都存在这两种附加控制功能的可能性。

“专用”控制一般是通过装置于轿内操纵箱上的钥匙开关或加有密码板的开关的接通与断开来实现的。当电梯设有这种“专用”控制时，如果某特殊乘客提出将电梯专供使用一段时间，则电梯司机可以用专用钥匙开关将控制电路接通，使电梯处于“专用”控制状态。电梯一旦进入“专用”控制状态，之前已登记好的轿内选层指令信号和楼层的召唤信号将一并消除，根据特殊乘客的要求，按操纵箱上的欲停楼层指令登记，而对外来信号则不予理睬，直至电梯司机把操纵箱上的启用钥匙开关复位后才可恢复正常运用。

“直驶不停”控制也是靠轿厢操纵箱上的自动复位钥匙开关（或“直驶不停”按钮）的接通而实现的。电梯进入“直驶不停”状态时，只完成轿厢内的指令信号，而对各楼层的层外顺向召唤信号不予应答。当电梯按轿内某层的指令信号而发出减速信号时，这一“直驶不停”就失去其作用。如果再需“直驶不停”，则需重新转动操纵箱上的“直驶不停”钥匙开关（或按操纵箱上的“直驶不停”按钮），方能重新实现不予应答厅外召唤信号的要求。

上述的“专用”控制是“长期性”的，不能自动恢复原状态，只有在转动“专用”控制钥匙开关后才能恢复原工作状态。而“直驶不停”控制是“一次性”的，只要电梯发出减速信号，这种“直驶不停”控制即失效，恢复到原工作状态。

2. 检修操作

检修操作是电梯在检修时使用的操作方式。将装于操纵箱上的钥匙开关转至检修位置，即可使电梯进入检修状态，此时电梯被切断正常运行模式，由检修人员操纵其慢速上行或下行。

为了检修轿厢及井道内导轨、限位开关等设备，检修人员需在轿厢顶上操纵电梯慢速上行或下行。此时，需将轿顶上的检修开关拨向轿顶操作位置，这样控制柜内检修操作将不起作用。

检修操作时，要使电梯慢速上行，则按住上方向按钮，松开时电梯运行停止；若要下行，则按住下方向按钮。当电梯停于某一位置进行检修作业时，应将检修箱上的急停开关拨向切断控制回路的位置，从而保证电梯绝对不能运行。

为了便于检修电梯开门机系统的零部件和电气部件，在检修状态下也能使电梯门停于任意位置。此时按住轿厢内操纵箱上的开门按钮或关门按钮，手松开时电梯门即可停于任意位置。

电梯检修慢速运行时，一般不少于两人，要相互配合，有呼有应。在轿厢顶进行检修操作运行时，必须要把外厅门全部闭合。

五、电梯在地震、火灾、浸水、失控、停电情况下的操作或应对

1. 发生地震时的操作

发生地震时电梯应按下列方式操作：

（1）取消所有登记的轿厢和层站召唤指令，且不响应新的召唤指令。

（2）运行中的电梯应降低速度或停止以后，以不超过 0.3 m/s 的速度向远离对重（或平衡重）的方向继续运行到最近的层站，放出乘客。

（3）如果电梯在层站，对于具有动力驱动的自动门电梯，应开门，退出服务并保持开门状态；对于具有手动门或动力驱动的非自动门电梯，应保持原状态，退出服务并使门保持在开锁状态。

2. 发生火灾时的操作

发生火灾时，电梯应返回指定层并允许所有乘客离开电梯。指定层是在火灾发生时，依据建筑物的疏散方案，允许人员离开电梯以便安全地撤离建筑物或建筑物区域的特定楼层。

（1）对于动力驱动的自动门电梯，如果停在层站处，应关门，中间不停层直接运行到指定层。

（2）对于手动门或动力驱动的非自动门电梯，如果正开着门停在层站，应在该层保持原状态。如果门关着，电梯应中间不停直接运行到指定层。

（3）正在驶离指定层的电梯，应在最近的可停靠楼层正常停止，不开门，然后立刻改变方向，返回指定层。

（4）正在驶向指定层的电梯，应继续运行且中间不停层直接运行到指定层。如果电梯已经开始向非指定层减速，可正常停层但不开门，然后立即运行到指定层且中间不停层。

（5）如果电梯由于安全装置动作而停止运行，应保持原状态。

3. 电梯井道进水和轿厢湿水时的操作

发现电梯井道内进水时，一般将电梯开至高于进水的楼层，切断电梯的电源。如果水已经将电梯轿厢淋湿，无论何层应立即停驶，然后切断电源，立即通知维护保养单位人员到现场采取相应措施。

4. 电梯失控的应对

电梯失控而安全钳尚未起作用时，司机应保持镇静，告诉乘客做好承受因轿厢急停或冲顶、蹲底而产生冲击的思想准备和动作准备（一般采用屈膝、脚跟抬起动作）。司机可利用一切通信设施（如警铃按钮、通信电话等）通知维护保养人员，并劝阻乘客不要企图自行脱离轿厢，应耐心等待救援。

5. 停电后紧急备用电源供电的电梯运行

设有紧急备用电源的电梯，可在电网系统停电后供电梯短时运行至就近楼层平层处，将轿内乘客疏散。在紧急备用电源供电时，多台电梯只能逐台运行至就近楼层疏散乘客，而不能同时用此紧急备用电源供电给多台电梯运行。当将所有电梯通电运行至就近楼层疏散完乘客后，根据备用电源的容量，除了保证一台电梯使用外，尚可供给另外 1~2 台电梯使用时，也可使其他电梯处于紧急备用电源供电的运行状态。

六、乘客电梯的无司机常规运行

1. 有/无司机工作状态的转换

要使电梯从有司机操作状态转换为无司机工作状态，只需将操纵箱上的钥匙开关置于“自动”位置。

2. 电梯的选层和自动定向

电梯的选层和定向均是由进入电梯轿厢内的乘客控制的，乘客按操纵箱上目的楼层相对应的按钮，即可使电梯定出方向。

当电梯轿厢内没有乘客，则在电梯门关闭后，由在各个楼层的乘客按召唤按钮，也能使电梯定出运行方向。当电梯门已关闭，则立即去应答某个楼层乘客的要求。

3. 自动开关门

在电梯到站停车开门后即开始延时数秒后自动关门。如果此刻有乘客欲从外进入轿厢，则可按电梯所在层的召唤按钮或由轿内乘客按操纵箱的开门按钮，即可停止关门而重新开门。

由于关门是延时自动的，若乘客认为延时自动关门时间过长，则可通过按轿内操纵箱上关门按钮使延时时间缩短，电梯将会立即关门。

4. 强迫自动关门

当乘客人为地延长关门时间，电梯则通过自动控制线路，使蜂鸣器连续发出响声，促使阻止关门的人员立即离开。这一过程完全是自动的，不用人工操作。

七、电梯安全乘用要求

1. 通用要求

（1）乘坐或者操作电梯，应当遵守安全使用说明和安全注意事项的要求，服从有关工作人员的管理和指挥。遇有运行不正常时，应当按照安全指引，有序撤离。

（2）禁止乘坐无电梯使用标志，或电梯使用标志上注明的下次检验日期早于当前日期，或正在检验、修理、维护保养的电梯。

（3）禁止在电梯附近和乘梯过程中玩耍、打闹、跳动。

（4）儿童和行动不便者应在成人的监护下乘坐电梯。

（5）带宠物乘梯时尽量抱起宠物，不便抱起时应控制好宠物，保证乘客和宠物的安全。不能被抱起的宠物禁止乘坐自动扶梯或自动人行道。

（6）禁止使用电梯运送未密封包装的水或其他液体。

（7）发生火灾、地震等灾害时，禁止乘用电梯。

2. 载人（货）电梯安全乘用要求

（1）呼梯的要求如下：

1）乘客在层门处用手按下要去方向的外呼按钮，上行按“△”，下行按“▽”，不要反复按压按钮。

2）禁止使用雨伞、钥匙、手机等外物呼梯，禁止推、踢、扒门，禁止用身体或物体倚靠或撞击电梯层门。

（2）进入电梯前的要求如下：

1）确认驶来电梯的运行方向。

2）等待电梯门完全打开，确认电梯已经停稳、平层。

3）当电梯发出超载报警时，禁止进入电梯，最后进入电梯的乘客应及时退出。

4）禁止用身体或物品阻挡电梯关门。

5）禁止携带易燃易爆等危险品或超长的物品乘坐电梯。

6）载货电梯进入前应确认货物及运输工具的总重量，不应超过电梯的额定载重量。

（3）进入电梯的要求如下：

1）应有序先出后进，不得拥挤。

2）快速进入电梯。禁止在进入期间玩手机、打电话等。

3）应小心搬运行李物品，防止碰撞电梯，尽量居中放置。

4）进入电梯后按下目的楼层的选层按钮，不应多按其他选层按钮。

5）若电梯门正在关闭，禁止用身体或物品挡门、扒门。

6）不得乘坐电梯门无法关闭的电梯。

（4）电梯运行过程中的要求如下：

1）保持轿厢内清洁，禁止在轿厢内吸烟、使用明火。

2）禁止倚靠、撞击或扒拉电梯轿门。

3）禁止恶意使用、损坏电梯操纵箱和按钮。

4）应留意电梯运行状态。

（5）走出电梯前的要求如下：

1）电梯到达目的楼层，应等待电梯门完全打开，确认电梯已经停稳、平层。

2）电梯门开启后，禁止用身体或物品阻挡电梯关门。

（6）走出电梯的要求如下：

1）确认安全后快速走出电梯。禁止在走出时玩手机、打电话等。

2）应有序先出后进，不得拥挤。

3）若电梯门正在关闭，禁止用身体或物品挡门、扒门。

4）搬运行李物品应防止碰撞电梯。

（7）异常情况的处理如下：

1）应按下电梯内部的紧急呼叫按钮或拨打应急电话，与值班室或监控室联系。

2）当紧急呼叫或应急电话无效，应拨打应急救援电话或电梯应急处置服务平台电话、“110”等公共救援电话，告知电梯编号和具体位置信息。

3）被困于电梯内时，应耐心等待专业人员救援，禁止采用扒门等方式自救。

4）在电梯外发现电梯故障，应及时通知物业或管理部门。物业或管理部门应通知维护保养单位处理并做好登记。

3. 自动扶梯和自动人行道安全乘用要求

（1）踏入自动扶梯或自动人行道前的要求如下：

1）应看清自动扶梯或自动人行道的运行方向，禁止逆行。

2）不得赤脚、穿着软质胶鞋或松鞋带的鞋子乘梯。

3）除自动人行道专用推车外，禁止婴儿车、手推车搭乘自动扶梯或自动人行道。

4）禁止将自动扶梯或自动人行道作为货物运送通道，乘客仅可携带易控制的随身物品。

（2）乘坐自动扶梯或自动人行道的要求如下：

1）确认安全后，应稳步迅速踏入自动扶梯或自动人行道，禁止在进入期间玩手机、打电话等。

2）应面向运行方向站好，扶好扶手带。

3）禁止将脚或长裙等靠近梯级边缘。

4）禁止将头、手、脚等肢体伸出自动扶梯或自动人行道扶手外侧。

5）禁止倚靠自动扶梯或自动人行道侧面裙板或扶手带。

6）禁止在自动扶梯或自动人行道上攀爬、滑行、玩耍。

7）禁止在自动扶梯或自动人行道出入口逗留。

（3）异常情况的处理如下：

1）紧急情况下应及时按下急停按钮。

2）发现异常情况应及时通知物业或管理部门。物业或管理部门应通知维护保养单位处理并做好登记。

八、电梯困人的救援

1. 曳引驱动电梯的困人救援

（1）电梯轿厢在开锁区域范围的救援程序。

1）有机房电梯的救援程序：

①进入机房，断开困人电梯电源开关并确认，上锁防止误操作。

②通过观察钢丝绳标记或显示装置，确认是否在开锁位置。通过钢丝绳标记查看轿厢位置的参考方法如下：站在盘车位置面向曳引钢丝绳，从右边开始排序，1、2、3……依次排序。按照 8421 码的编码规则（第一位是 1，第二位是 2，第三位是 4，第四位是 8，第五位是 16）确定电梯的楼层数。确定楼层数时，每一位代表的数值相加得到的数值就是楼层数。例如，如果只有第一根有标记，由于第一位表示 1，则表示电梯在 1 层；如果只有第二根有标记，由于第二位表示 2，则表示电梯在 2 层；第一根和第二根都有标记，则 1+2＝3，表示电梯在 3 层；如果第一根和第三根有标记，则 1+4＝5，表示电梯在 5 层；如果第一、二、三根都有标记，则 1+2+4＝7，表示电梯在 7 层，依此计算。

③用层门三角钥匙打开轿厢所在楼层的层门和轿门。

④若轿门未被同时打开，用层门三角钥匙或永久性设置在现场的工具开启轿门。

⑤协助被困人员离开轿厢。

⑥重新关好层门。

2）无机房电梯的救援程序：

①断开困人电梯电源开关并确认，上锁防止误操作。

②按有机房电梯轿厢在开锁区域范围的救援程序②③④⑤⑥步骤进行救援。

（2）电梯轿厢在非开锁区域范围的救援程序。

1）有机房电梯的救援程序：

①进入机房，断开困人电梯电源开关并确认，上锁防止误操作。

②查明电梯轿厢是否有卡阻，若有卡阻应先排除。

③采用手动盘车平层将电梯轿厢移动至开锁区域。

电梯手动盘车平层应按电梯制造商提供的方法进行，其基本方法和步骤如下：

a）安上盘车手轮，一个人握紧盘车手轮，另一个人用松闸扳手打开制动器。

b）两人配合，在制动器打开后，盘车人员按照省力原则盘动手轮，使电梯轿厢移动。

c）根据曳引钢丝绳的标志和平层标志判断电梯是否已经平层，读出轿厢所在楼层。

d）盘车结束后，将盘车手轮取下，放至规定位置。

e）救援人员离开机房时关好机房门并挂告示牌。

④按有机房电梯轿厢在开锁区域范围的救援程序③④⑤⑥步骤进行救援。

2）无机房电梯的救援程序：

①断开困人电梯电源开关并确认，上锁防止误操作。

②查明电梯轿厢是否有卡阻，若有卡阻应先排除。

③按照控制屏内应急救援程序将轿厢移动至开锁区域。

④按有机房电梯轿厢在开锁区域范围的救援程序③④⑤⑥步骤进行救援。

2. 强制驱动电梯的困人救援

（1）电梯轿厢在开锁区域范围的救援程序。

1）进入机房，断开困人电梯电源开关并确认，上锁防止误操作。

2）通过观察显示装置或其他有效方法，确定是否在开锁区域。

3）按有机房电梯轿厢在开锁区域范围的救援程序③④⑤⑥步骤进行救援。

（2）电梯轿厢在非开锁区域范围的救援程序。

1）进入机房，断开困人电梯电源开关并确认，上锁防止误操作。

2）查明电梯轿厢是否有卡阻，若有卡阻应先排除。

3）按照电梯制造单位规定的方法进行救援。

3. 液压电梯的困人救援

（1）电梯轿厢在开锁区域范围的救援程序。

1）进入机房，断开困人电梯电源开关并确认，上锁防止误操作。

2）通过观察显示装置，确定是否在开锁区域。

3）按有机房电梯轿厢在开锁区域范围的救援程序③④⑤⑥步骤进行救援。

（2）电梯轿厢在非开锁区域范围的救援程序。

1）进入机房，断开困人电梯电源开关并确认，上锁防止误操作。

2）按照机房内手动操作的紧急下降阀程序将轿厢移动至开锁区域。

3）若轿厢无法向下移动或轿厢位于最低层层门地坎以下非开锁区域，按照机房内手动泵操作程序，将轿厢向上移动至开锁区域。

4）通过观察显示装置，确定是否在开锁区域。

5）按有机房电梯轿厢在开锁区域范围的救援程序③④⑤⑥步骤进行救援。

4. 自动扶梯与自动人行道的困人救援

（1）乘客被困于梯级（踏板）与围裙板的救援程序。

1）断开自动扶梯或自动人行道的电源开关，上锁防止误操作。

2）拆除内盖板。

3）拆除围裙板与支架的螺栓。

4）拆除支架与自动扶梯（人行道）骨架的连接螺栓。

5）取出支架。

6）使用扩张器撬开围裙板与梯级（踏板）间隙，解救被困人员。

（2）乘客被困于梳齿板的救援程序。

1）断开自动扶梯或自动人行道的电源开关，上锁防止误操作。

2）拆除被夹处的梳齿板，解救被困人员。

3）若拆除被夹处的梳齿板，无法解救被困人员，需要拆除围裙板支架，利用扩张器撬开，解救被困人员。

（3）乘客被困于扶手带的救援程序。

1）断开自动扶梯或自动人行道的电源开关，上锁防止误操作。

2）若在扶手带入口处夹持乘客，可拆卸扶手带入口保护装置，救出被困人员。

3）若在扶手带非入口处夹持乘客，可用工具撬开扶手，救出被困人员。

4）若以上方法无法解救被困人员，应对部件进行拆除或切割，救出被困人员。

（4）其他困人的救援。

乘客被困于驱动站、转向站、桁架内时，按以下程序实施救援：

1）断开自动扶梯或自动人行道的电源开关，上锁防止误操作。

2）救援过程中遇到乘客身体不适，或有可能导致乘客受伤等情况时，应立即拨打“120”急救电话。

3）因现场救援状况复杂，救援人员认为现场无法救援时，拨打“119”求助，特殊情况应拨打“110”报警。

九、电梯异常情况的辨识和处理

电梯异常情况主要表现为以下几种形式：

（1）行驶方向与选定方向相反。

（2）层、轿门关闭后，电梯未能正常行驶。

（3）层、轿门未关闭，电梯自动行驶。

（4）运行速度有明显变化。

（5）内选、平层、快速、召唤和指层信号失灵失控。

（6）轿厢在额定载重量下，超越端站位置而继续运行。

（7）运行中突然停车。

（8）有异常噪声，较大振动和冲击。

（9）轿厢的金属部分有麻电现象。

（10）能够闻到焦煳的气味。

（11）机房内漏油滴入轿厢和电梯发生湿水事故。

（12）安全钳误动作。

电梯出现异常情况时，应当立即停止使用，关闭控制电源，通知维护保养单位检查处理，待恢复正常后方可投入使用。

第五节　电梯事故预防与处理方法

一、电梯的风险情节及风险评价

风险是伤害发生的概率与伤害的严重程度的综合。充分了解电梯的风险情节，是做好电梯事故预防的基本前提。

1. 电梯的风险情节

《电梯安全要求　第 1 部分：电梯基本安全要求》（GB 24803.1—2009）列出了电梯的风险情节。

（1）剪切、挤压或切断风险。

1）使用人员在运动的且周边具有较矮的或有孔的防护栏的运载装置（轿厢）上，伸手或伸脚超出运载装置的周边，手或脚与外部的电梯部件接触且被剪切、挤压或切断。

2）使用人员在电梯的入口区域准备进入运载装置，入口门正在关闭，入口门撞击正在进入运载装置的使用人员，使用人员被挤压、剪切或失稳，可能由于摔倒导致伤害。

3）非使用人员在电梯入口附近楼层上或在运载装置运行路径周围，运载装置运行路径的围封较矮或有孔，人员朝着运动的运载装置或运行路径中任何运动的运载装置、其他电梯部件伸手或伸脚，并且手或脚与它们接触，导致手或脚被剪切、挤压或切断。

（2）坠落风险。

1）运载装置、运行路径和其周围楼层没有防护，如果人员倾斜超过楼层的边缘或打开的入口地坎，可能坠入井道。

2）如果运载装置、运行路径和其周围楼层设置了防护但不具有足够的强度，人员可能靠在该防护上，导致防护损坏而坠入井道。

（3）电击风险。人员接近所安装的驱动或控制运载装置的电梯机器和（或）设备，可能无意或故意地接触移动或旋转的机器或电气设备，导致被卷入机器，造成严重的伤害；如果人员接触裸露的电气设备，则可能被电击。

（4）其他风险。被授权的专业人员在运载装置顶上或在其他工作空间内工作，如果工作空间没有足够的强度承载被授权的专业人员和工具，工作表面可能坍塌且使被授权的专业人员跌入运载装置或井道内，使其或运载装置内其他人员受到严重伤害。

2. 电梯的风险评价

《电梯、自动扶梯和自动人行道　风险评价和降低的方法》（GB/T 20900—2007）为电梯的风险评价方法制定了统一和系统的原则与程序。该标准作为一种工具，用来识别由各种危险、危险状态和伤害事件引起的伤害风险，综合设计、使用、安装、维修、事故以及有关伤害的知识和经验来评价从设计、制造至报废电梯寿命期间各个阶段的电梯风险，主要针对人员伤害的风险，提供安全方面的基本指导。

安全是通过风险评价（风险分析和风险评定）和风险降低的迭代过程来达到的。风险评价是一系列逻辑步骤，这些步骤能够以系统的方法检查与电梯相关的危险。当需要时，在风险评价之后进行规定的降低风险程序。当重复该程序时，就形成了尽可能消除危险和实施保护措施的迭代过程。

风险评价包括风险分析和风险评定。风险分析为风险评定提供所需信息，允许依次对电梯、电梯部件和任何相关过程（如操作、使用、检查、测试或维护）的安全等级作出判断。风险评价依赖于经过判断后而做出的决定。这些决定用定性方法来支持，并应尽可能用定量方法作为补充。当所预见伤害的严重程度高且范围大时，定量方法是非常有必要的。定性方法适用于评价可选的安全措施以及判断哪一种提供了较好的保护。

二、电梯事故的分类及其典型案例

1. 电梯事故的分类及其比例

电梯事故的类型按发生事故的系统位置，可分为门系统事故、冲顶或蹲底事故、其他事故。

相关统计显示，电梯各类事故发生的起数占电梯事故总数的概率分别如下：门系统事故约占 80%，冲顶或蹲底事故约占 15%，其他事故约占 5%。门系统事故占电梯事故的比例最大，发生也最为频繁。

自动扶梯事故的一项案例分析显示，自动扶梯事故类型及所占比例如下：挤压事故占 43%，坠落事故占 15%，碰撞、剪切事故占 15%，逆转事故占 9%，跌倒事故占 9%，其他事故占 9%。

2. 电梯事故典型案例

（1）剪切事故案例。

案例一：某日上午，由于消防水管破裂，某医院一载货电梯井道底坑大面积积水。此时到医院送货的 A 某对电梯严禁载人的警示标志视而不见，在明知电梯浸水的情况下进入电梯轿厢。电梯在开门情况下突然启动，把 A 某夹在轿厢与井道壁之间，A 某当场被剪切而死亡。

案例二：某日，某大学一女生进入电梯时，头部刚探进轿厢，电梯即开始运行，女生的大半个身子被卡在电梯口，经抢救无效死亡。

（2）跌落事故案例。

案例一：某学校教学楼客梯，管理人员将电梯停至一楼关闭层门后离开，后被维修人员用钥匙打开运行电梯至其他楼层进行检修作业。该管理人员需要再用电梯时，误以为电梯还在一楼，用钥匙打开层门后跨了进去，跌入底坑，造成多处粉碎性骨折，终生残废。

案例二：一小区保安在巡查时，用电梯三角钥匙打开电梯层门进行检查，由 5 号楼一单元某层厅门坠入电梯井道，经医院抢救无效死亡。

三、事故应急预案的编制

《特种设备事故应急预案编制导则》（GB/T 33942—2017）规定了特种设备应急预案的编制程序、主要内容、格式和要求，适用于特种设备安装、修理、改造、充装、经营、使用、检测单位的特种设备应急预案编制工作。起重机械事故应急预案应遵守此导则的规定。

1. 应急预案及其内容

特种设备应急预案是为有效预防和控制可能发生的事故，最大程度减少特种设备事故发生的可能性及其可能造成的损害而预先制定的工作方案。

应急预案包括应急准备、应急响应、应急救援和应急演练。

（1）应急准备。针对可能发生的事故，为迅速、科学、有序地开展应急行动而预先进行的思想准备、组织准备和物资准备。

（2）应急响应。针对发生的事故，有关组织或人员采取的应急行动。

（3）应急救援。在应急响应过程中，为最大限度地降低事故造成的损失或危害，防止事故扩大而采取的紧急措施或行动。

（4）应急演练。针对可能发生的事故情景，依据应急预案而模拟开展的应急活动。

2. 应急预案的编制程序

（1）成立应急预案编制工作组。成立以单位主要负责人为领导、相关部门或人员组成的应急预案编制工作组，结合本单位各部门职能分工，明确编制任务和职责分工，制订工作计划。

（2）基本情况调查。对单位基本情况进行调查，对单位特种设备基本情况进行汇总，对单位特种设备所处周边环境状况进行调查，收集与预案编制工作相关的法律法规、技术标准、应急预案、国内外同类型单位事故资料、特种设备技术资料等有关资料。

（3）风险和应急能力评估。运用风险评估的方法，识别单位特种设备存在的风险因素，确定各类特种设备可能发生的事故类型和结果，进行风险分析和评价，作为应急预案编制的依据。依据风险评估的结果，对单位现有的事故预防措施、应急人员、应急设施、装备与物资等应急能力进行评估，明确应急救援的需求和不足，提出资源补充、合理利用和资源集成整合的建议方案，完善应急救援资源。

（4）应急预案编制、评审。按照本单位实际情况及应急预案体系要求编制相应的特种设备事故应急预案，应根据单位应急预案体系要求进行编写，并与所在地政府的相关应急预案及单位的综合应急预案衔接。应急预案编制完成后，应进行评审，评审通过后应由单位主要负责人签发实施。

（5）应急预案实施与改进。应急预案印发后，应按照有关规定组织培训和演练，并适时对预案进行更新和修订，实现应急预案持续改进。

3. 应急预案的主要内容

（1）总则。总则包括编制目的、编制依据、适用范围和工作原则。

（2）基本情况。阐述单位的基本概况、特种设备基本情况、周边环境状况和可利用的安全、消防、救护设备设施分布情况及重要防护目标调查结果。

（3）风险描述。阐述存在的特种设备风险因素与风险评估结果、可能发生事故的后果和波及范围。明确事故及事故险情信息报告程序和内容、报告方式和责任等内容。根据事故响应级别，具体描述事故接警报告和记录、应急指挥机构启动、应急指挥、资源调配、应急救援、扩大应急等应急响应程序。

（4）应急组织。明确应急指挥机构组织形式，构成部门（单位）或人员及日常工作机构和专家技术组；明确应急救援指挥机构的指挥人员、相关部门或人员的相应职责及安全要求，根据事故类型和应急工作需要，可设置事故现场应急救援指挥机构和相应的指挥人员、抢险救灾、警戒保卫、后勤保障、医学救护、通信联络、事故处置、善后工作等应急救援工作小组，并明确各小组的工作任务和安全职责。

（5）预防与预警。明确预防和控制特种设备事故发生的技术和管理措施，按级别明确特种设备事故预警的条件、方式和方法。

（6）事故报告和信息发布。明确特种设备事故发生后，单位内部报告事故信息的方法、程序、内容和时限；明确特种设备事故发生后，向所在地人民政府、负责特种设备安全监督管理的部门和负有安全生产监管职责的其他政府部门报告事故信息的方式、流程、内容和时限；明确对媒体和公众发布信息的程序和原则，统一组织信息发布和舆论引导工作。

（7）应急响应与处置。按照分级负责的原则，明确不同响应级别的负责部门和人员；根据特种设备事故的级别和发展态势，明确现场应急指挥、应急措施、资源调配、应急避险、扩大应急等响应处置程序；明确事故现场监测设备、器材和现场监测人员及其安全防护措施，监控和分析事故所造成的危害程度、事故是否得到有效控制、是否有扩大危险趋势，及时提供准确信息；依据对可能发生特种设备事故场所、设施及周围情况的分析结果，确定人员疏散与撤离安置地点；依据可能发生的特种设备事故类别、危害程度级别，确定隔离和警戒措施；依据特种设备事故特点、医疗救治机构的设置和处理能力，制定具有可操作性的现场救护与医院救治处置方案；现场应急处置应明确事态控制方案、程序和措施。

（8）应急结束和使用恢复。应明确应急终止的条件和程序、现场清理和设施恢复要求、后续监测、监控和评估。

（9）事故调查。明确事故现场和有关证据的保护措施，按照《特种设备事故报告和调查处理导则》（TSG 03—2015）等有关规定，配合协调相关部门查找事故原因，进行事故调查处理，提出防范整改措施。

（10）保障措施。保障措施包括通信与信息保障、应急队伍保障、应急物资装备保障、经费保障和其他保障。

（11）应急预案管理。编制应急预案培训教育计划、应急演练方案，明确应急预案修订的基本要求、定期评审和持续改进，明确应急预案实施和生效的具体时间，明确应急预案负责制定与解释的部门。应急演练宜每年不少于一次。

（12）附件。附件包括单位区位图、涉及特种设备配置的平面布置图、周边重要防护目标分布图，各类特种设备一览表，应急设施设备、物资清单及布置图，疏散线路图、安置场所位置图，应急指挥机构组织图、应急救援流程图，单位内部应急机构、人员联系表，单位外部相关机构（政府有关部门、协议救援单位、就近医疗机构）的联系方式，现场应急处置方案及操作程序（附操作流程图），信息接收、处理、上报等规范化格式文本，有关制度、程序、方案等。

4. 应急预案的编制格式和要求

（1）封面。主要包括应急预案编号、应急预案版本号、单位名称、应急预案名称、编制单位名称、颁布日期、实施日期等内容。

（2）批准页。应急预案应经单位主要负责人批准方可发布。批准页应包括应急预案编制人、审核人、签发人的签字及公章等相关信息。

（3）目次。应急预案应设置目次，目次中所列的内容依次为批准页、章的编号和标题、带有标题的条的编号和标题、附件（用序号标明其顺序）、附加说明。

（4）印刷与装订。采用A4版面印刷，活页装订。正文宜采用仿宋四号字，标题采用宋体三号字。

四、事故的报告、调查与处理

《特种设备事故报告和调查处理规定》对电梯等特种设备事故的报告、调查与处理提出了明确的要求，规定如下：

1. 事故的报告

发生事故后，事故发生单位应当按照应急预案采取措施，组织抢救，防止事故扩大，减少人员伤亡和财产损失，履行保护事故现场和有关证据的义务；事故发生单位的负责人接到事故报告后，应当于1 h内向事故发生地特种设备安全监督管理部门和有关部门报告。

事故报告应当包括以下内容：

（1）事故发生的时间、地点、单位概况以及特种设备种类。

（2）事故发生初步情况，包括事故简要经过、现场破坏情况、已经造成或者可能造成的伤亡和涉险人数、初步估计的直接经济损失、初步确定的事故等级、初步判断的事故原因。

（3）已经采取的措施。

（4）报告人姓名、联系电话。

（5）其他有必要报告的情况。

2. 事故的调查处理

发生事故后，事故发生单位及其人员应当妥善保护事故现场以及相关证据，及时收集、整理有关资料，为事故调查做好准备；必要时，应当对设备、场地、资料进行封存，由专人看管。因抢救人员、防止事故扩大以及疏通交通等原因，需要移动事故现场物件的，负责移动的单位或者相关人员应当做出标志，绘制现场简图并做好书面记录，妥善保存现场重要痕迹、物证。有条件的，应当现场制作视听资料。

事故调查期间，任何单位和个人不得擅自移动事故相关设备，不得毁灭相关资料、伪造或者故意破坏事故现场。任何单位和个人不得阻挠和干涉特种设备事故报告、调查和处理工作。对事故报告、调查和处理中的违法行为，任何单位和个人有权向有关部门举报。

发生特别重大事故，由国务院或者国务院授权的部门组织事故调查组进行调查；发生重大事故，由国务院负责特种设备安全监督管理的部门会同有关部门组织事故调查组进行调查；发生较大事故，由事故发生地省、自治区、直辖市人民政府负责特种设备安全监督管理的部门会同省级有关部门组织事故调查组进行调查；发生一般事故，由事故发生地设区的市级人民政府负责特种设备安全监督管理的部门会同市级有关部门组织事故调查组进行调查。

第六节　电梯与自动扶梯和自动人行道维修规范

《电梯、自动扶梯和自动人行道维修规范》（GB/T 18775—2009）规定了电梯设备维修所应遵守的要求，适用于电梯、自动扶梯和自动人行道。

电梯、自动扶梯和自动人行道的维修，按其技术要求和工作内容不同，可划分为维护、修理和改装。

一、术语和定义

1. 维修

维修指电梯设备交付使用后的所有维护、修理和改装。

2. 维护

维护是电梯设备安装之后，为确保电梯设备和零部件达到安全性能和预期功能所需的操作，包括润滑、清洁工作（不包括电梯井道以外部分的清洁工作、自动扶梯或自动人行道外部的清洁工作、轿厢内的清洁工作）、检查工作、乘客救援作业、设定和调整操作、易损件的更换工作等，这些工作不能影响电梯设备特性。

下述内容不属于维护工作范围：主要零部件或安全部件的改变或更换，即使新零部件的特性与原件相同；整台电梯设备的替换；电梯设备的更新，包括电梯设备特性的任何变化；消防部门执行的救援工作。

维护是保证电梯设备安全性和预期功能的基本条件。

3. 修理

修理是以相应新的零部件取代旧的零部件或对旧的零部件进行加工、修配的工作，这些工作并不影响电梯设备特性。

4. 改装

改装是在电梯设备交付使用后，由于某种原因对电梯及其部件进行的一系列操作，这些操作对电梯的特性会产生影响，如改变额定速度、额定载重量、轿厢质量，更换曳引机、轿厢、控制系统、导轨及导轨类型等。

采用新技术、新材料全面地或部分地改进在用电梯的功能、性能、可靠性、安全性和装潢的这类改造也属于改装范畴。

5. 维护组织

具备规定资格的，代表电梯设备所有人并由称职的维护人员执行维护工作的法人或法人下属部门。

6. 称职的维护人员

已经过适当的培训，拥有足够的知识和实际经验，并能得到其所在维护组织必要的指导和支持，以便能够安全地进行所要求的维护操作的维护人员。

7. 电梯设备管理组织

业主或受业主合同委托管理电梯设备并进行服务的组织。

8. 制造商

负责电梯整机（电梯、自动扶梯和自动人行道）或部件的设计、制造和投放市场的法人。

9. 电梯设备

完全安装完成并经检验合格的电梯、自动扶梯和自动人行道。

10. 救援作业

自获取电梯中人员受困的信息开始，直到电梯中受困人员获救为止的整个救援过程。

二、维修规范总则

（1）应考虑电梯设备维修工作不会导致人员伤害或影响健康。

（2）制造商应提供基于风险评价结果的电梯设备维护说明书，安全部件制造商应向整机制造商提供安全部件维护说明。

（3）电梯设备应由取得规定资格的维护组织根据制造商提供的维护说明书的要求进行维护，以保证电梯设备处于维护说明书中所要求的正常工作状态。为达到该目的，电梯设备应定期维护，必要时还须进行修理或改装，以保证电梯设备的正常运行，尤其是保证电梯设备的安全性能。

（4）每年应根据《电梯制造与安装安全规范》（GB 7588—2003）的附录 E. 1 或《自动扶梯和自动人行道的制造与安装安全规范》（GB 16899—2011）的 16. 2. 3 或《液压电梯制造与安装安全规范》（GB 21240—2007）的附录 E. 1 等对电梯设备进行定期检验，确认其安全性能。

（5）实施电梯设备修理或改装的组织应取得规定的资格。这类组织应对所修理或改装的电梯设备有全面、系统的了解，有能力根据《电梯、自动扶梯和自动人行道　风险评价和降低的方法》（GB/T 20900—2007）的要求对实施修理或改装作业相关的风险（包括电梯设备本身和施工现场）进行评价，并应基于风险评价的结果制定、实施作业方案。

（6）经过修理的电梯设备，所涉及的部分应按《电梯制造与安装安全规范》（GB 7588—2003）或《自动扶梯和自动人行道的制造与安装安全规范》（GB 16899—2011）或《液压电梯制造与安装安全规范》（GB 21240—2007）等进行检验，合格后方可投入使用。

（7）经改装的电梯设备，应按《电梯制造与安装安全规范》（GB 7588—2003）的附录 E. 2 或《自动扶梯和自动人行道的制造与安装安全规范》（GB 16899—2011）的 16. 2. 2 或《液压电梯制造与安装安全规范》（GB 21240—2007）的附录 E. 2 等进行改装后的检验，合格后方可投入使用。

（8）进入或接近电梯设备的通道及电梯设备周围环境应符合相关国家标准的规定。

（9）电梯维护组织和电梯设备管理组织应按维护说明书中的相应要求开展相关工作。

（10）电梯设备的维修情况应记录在电梯设备档案中，该档案应始终记载电梯维修的最新情况。

三、电梯设备维护说明书包括的内容

维护说明书应包括电梯设备管理组织以及维护组织的相关任务。

1. 电梯设备管理组织的任务

（1）电梯设备管理组织有必要使电梯设备处于安全状态。为此，电梯设备管理组织应委托符合相关规定的维护组织进行维护。

（2）电梯设备管理组织应关注相关的法规及国家标准要求。

（3）最迟在电梯设备投入使用时，或者长期不使用的电梯设备再次投入使用前，应通过维护组织执行有计划的维护工作。

（4）如果多台电梯设备安装在共用电梯井道或空间或同一机房内，电梯设备管理组织应委托同一个维护组织进行维护。

（5）在电梯设备整个使用期内，乘客电梯和载货电梯的电梯设备管理组织应保证报警装置有效并与救援服务组织保持每天 24 小时联系。

（6）通信工具一旦出现故障，电梯设备管理组织应立即停止乘客电梯和载货电梯的运行。

（7）出现危险状况时，电梯设备管理组织应停止电梯设备的运行。

（8）在下列情况下，电梯设备管理组织应及时通知维护组织：

1）一旦察觉电梯设备出现异常或电梯设备所在环境有异常变化时。

2）一旦电梯设备在危险状况下停止运行后。

3）由电梯设备管理组织授权和指派的人员介入救援后。

4）与电梯设备本身和（或）其使用环境或使用有关的任何因素发生改变前。

注：电梯设备管理组织应从实施改变的组织获得用于指导维护组织的维护说明书。

5）在任何对电梯设备的第三方检查或工作前。

6）在电梯设备准备长期停止运行前。

7）在电梯设备长期停止运行后再次恢复使用前。

（9）电梯设备管理组织应考虑维护组织所提出的风险评价结论。

（10）电梯设备管理组织应在下列情况下进行维护方面的风险评价：

1）更换维护组织。

2）建筑物和（或）电梯设备的使用发生变化。

3）电梯设备经改装或建筑物变化之后。

4）在发生了与电梯设备有关的事故之后。

（11）电梯设备管理组织应通过风险评价确保下列各项：

1）建筑设施（包括进入建筑设施和电梯设备的通道）应安全，在使用期内不会产生危害健康的风险，物品和材料应符合所在工作地点的使用规定。

2）建筑设施使用人员已了解存在的风险。

3）根据风险评价结果所需采取的措施已实施。

4）电梯设备管理组织应告知维护组织进入为维护人员保留的空间的通道，具体包含以下信息：

①通常使用的通道，以及建筑物着火时的撤离通道。

②进入保留空间的钥匙的存放地点。

③陪伴维护人员到达电梯设备的相关人员。

④提供在通道中所需的个体防护装备，或者告知个体防护装备的存放地点。

维护组织也应能在现场获得这些信息。

（12）电梯设备管理组织应保证电梯设备使用者能获取维护组织正确和有效的名称和电话，这些信息应永久张贴在明显可见的地方。

（13）电梯设备管理组织应妥善保管机房和滑轮间门（活板门）、检修门和安全门（活板门）以及层门的钥匙，并保证始终可在建筑物内获得，同时应保证仅提供给授权允许进入这些区域的人员使用。

（14）电梯设备管理组织应为维护组织和实施救援的人员提供安全进入建筑物和电梯设备区域的通道。

（15）电梯设备管理组织应确保供维护人员进入工作区域的通道安全和畅通，并告知维护组织有关工作区域和（或）通道存在的危险或照明、阻碍物、地面状况等的变化。

（16）除了那些由电梯设备管理组织委托维护组织进行的检查和测试工作外，电梯设备管理组织还应定期完成下列各项工作：

1）应保持电梯井道外部分及轿厢内的清洁，通过全程上行及下行来评价乘运质量的变化以及电梯设备的损坏情况。以下列出评价电梯设备未发生缺失或移位、未受损伤和功能正常的典型检查项目：

①层门和层门地坎。

②平层准确度。

③非限制区内的指示器。

④层站按钮。

⑤轿内选层按钮。

⑥开关门按钮。

⑦轿厢内与救援服务永久保持联系的双向通信工具。

⑧轿厢内正常照明。

⑨门保护装置。

⑩安全标志或须知。

对仅载货电梯和杂物电梯只检查相关项目。

2）应保持自动扶梯和自动人行道外部的清洁，通过进行全程双向运行（如果有）来评价乘运质量的变化以及电梯设备的损坏情况。以下列出评价电梯设备未发生缺失或位移、未受损伤和功能正常的典型检查项目：

①所有的照明和指示器。

②紧急停止装置。

③扶手带。

④围裙板和防夹装置。

⑤梳齿板。

⑥安全标志或须知。

⑦扶手带和梯级或踏板之间的速度差。

⑧梯级或踏板。

⑨扶手装置和护板。

⑩头部防护和前沿板。

⑪出入口处的安全性和通畅性。

2. 电梯设备维护组织的任务

（1）应根据维护说明书以及基于系统维护检查的理念实施维护工作。维护组织应按照维护说明书的要求确定维护检查工艺、质量检查标准和实施日程计划。《电梯、自动扶梯和自动人行道维修规范》（GB/T 18775—2009）附录 A 为维护说明书包含的典型检查项目示例，见表 3-6、表 3-7、表 3-8。

（2）如果已改变电梯设备原有用途，或电梯设备所处环境条件已发生变化，原有的维护说明书应由改装组织（对于电梯设备本身的改变）或电梯设备管理组织（对于电梯设备所处环境的改变）更新。电梯设备管理组织应向维护组织提供电梯设备更改后的有关维护说明书。

（3）应在充分考虑制造商提供的维护说明书以及电梯设备管理组织提供的其他信息的前提下，对工作区域以及工作内容进行风险评价。

（4）应根据风险评价结果将需要采取的措施通知电梯设备管理组织，尤其是对于通道以及与建筑物或电梯设备有关的环境。

（5）为减少电梯设备的停梯时间，维护组织应按维护计划实施维护，实现对电梯设备的预防性维护，以使维护时间尽可能短，同时又不降低电梯设备的安全水平。

（6）维护组织应编制维护计划以适应任何可预见的故障，如因误用、误操作和锈蚀引起的故障等。为此，维护组织可设置符合《电梯、自动扶梯和自动人行道物联网的技术规范》（GB/T 24476—2017）要求的远程监视系统，以报告所发生的事件或故障，有助于提供相关信息。

（7）维护组织应指派称职的维护人员承担维护工作，并为其提供必要的工具、设备和个体防护装备。

（8）维护组织应通过专业培训等途径，保持其维护人员的工作能力。

（9）维护组织应定期开展维护工作。当远程监视系统与电梯设备相连时，有助于更准确地确定维护的实际频率。在确定维护频率时，至少应考虑下列因素：

1）每年运行次数、工作时间和任何非工作时间段。

2）电梯设备年龄和工况。

3）电梯设备所在建筑物的位置和类型，用户的需求以及运送物的类型。

4）电梯设备的周围环境以及外部环境要素，如气候条件（雨、炎热、寒冷等）或破坏行为。

（10）维护组织应提供每天 24 小时救援呼叫服务。为改善救援呼叫的响应，可采用远程监视系统来提供有关信息。

（11）维护组织应详细记录每次电梯设备故障的维护结果。这些记录应包含故障的类型，以便检查此类故障是否重复出现。电梯设备管理组织需要时应能获得该记录。

（12）在维护期间，如果维护组织认为电梯设备存在危险状况，且无法立即消除时，应将电梯设备停用，并通知电梯设备管理组织在修复前不应使用该电梯设备。

（13）维护组织应有能力提供所需的备件。

（14）当授权的第三方在进行任何检查时，或对为维护人员保留的空间进行建筑维修时，应安排专业维护人员在场。

（15）当电梯设备有必要更新时，应及时告知电梯设备管理组织。

（16）维护组织应协助电梯设备管理组织制定切实可行的火灾、地震等环境下的应急救援预案，并配合实施救援作业。

表 3-6　　　　电梯维护说明书包含的典型检查项目示例

项目	要求
所有零部件	检查是否清洁、无腐蚀
电梯底坑区域	检查导轨底部是否有过多油料或油脂 检查底坑内是否清洁、干燥、无碎屑垃圾或异物
防跳装置和开关（如果有）	检查是否可自由运动 检查工作状态 检查钢丝绳张力是否均衡 检查开关状态 检查润滑状态
缓冲器	检查油面位置 检查润滑状态 检查开关（如果有）状态 检查固定状态

续表

项目	要求
驱动电机/发电机	检查轴承是否有异常噪声和（或）振动 检查润滑状态 检查换向器状态
齿轮箱	检查齿轮磨损情况 检查润滑情况
曳引机	检查曳引轮状态和轮槽的磨损 检查轴承是否有异常噪声和（或）振动 检查防护装置 检查润滑状态
制动器	检查制动系统 检查零件磨损状态 检查制停状态
控制装置	检查控制屏（柜）是否清洁、干燥 检查控制屏（柜）内接线端子、接插件等是否松动、是否可靠
限速器和张紧轮	检查活动件是否自由运动及其磨损状态 检查工作状态 检查开关状态
悬挂绳导向滑轮	检查工作状态和磨损状态 检查轴承是否有异常噪声和（或）振动 检查防护装置 检查润滑状态
轿厢/对重导向装置	检查所有导向面的油膜（如果有）是否达到要求 检查固定状态
轿厢/对重导靴	检查靴衬/滚轮磨损状态 检查固定状态 检查润滑状态
电气线路	检查绝缘状态
轿厢	检查应急照明、轿厢按钮、开关 检查面板和天花板的固定状态
安全钳/轿厢上行超速保护装置	检查活动件是否自由运动及其磨损状态 检查润滑状态 检查固定状态 检验工作状态 检查开关状态
悬挂绳（链）	检查磨损、断丝、拉伸和张力等状态 检查润滑状态（如果有）
悬挂绳（链）端部	检查损伤和磨损状态 检查固定状态

续表

项目	要求
平层	检查层站处的平层准确度
极限开关	检查工作状态
电机运行时间限制器	检查工作状态
层站出入口	检查层门锁、闭合触点的工作状态 检查层门是否能无阻碍地开门和关门 检查层门的导向装置 检查层门间隙 检查钢丝绳、链条或皮带（如果有）是否完整 检查紧急开锁装置 检查润滑状态
轿门	检查轿门的闭合触点或锁紧装置（如果有） 检查轿门是否能无阻碍地开门和关门 检查轿门的导向装置 检查轿门间隙 检查钢丝绳或链条（如果有）是否完整 检查门保护装置 检查润滑状态
电气安全装置	检查工作状态 检查电气安全回路 检查是否安装匹配的熔断器
紧急报警装置	检查工作状态
层站控制和指示器	检查工作状态
井道照明	检查工作状态

表 3-7　液压电梯维护说明书包含的典型检查项目示例

项目	要求
所有零部件	检查是否清洁、无腐蚀
底坑区域	检查导轨底部是否有过多油料或油脂 检查底坑内是否清洁、干燥、无碎屑垃圾或异物
缓冲器	检查油面位置 检查润滑状态 检查开关（如果有）状态 检查固定状态
油箱	检查液压油油量 检查油箱和阀门装置是否泄漏
液压缸	检查漏油状态
多级式液压缸	检查同步状态

续表

项目	要求
控制装置	检查控制屏（柜）是否清洁、干燥 检查控制屏（柜）内接线端子、接插件等是否松动、是否可靠
限速器和张紧轮	检查活动件是否自由运动及其磨损状态 检查工作状态 检查开关状态
轿厢/对重/液压缸导向装置	检查所有导向面的油膜（如果有）是否达到要求 检查固定状态
悬挂绳导向滑轮	检查工作状态和绳槽磨损情况 检查轴承是否有异常噪声和（或）振动 检查防护装置 检查润滑状态
轿厢/对重/液压缸导靴	检查靴衬/滚轮是否磨损 检查固定状态 检查润滑状态
电气线路	检查绝缘状态
轿厢	检查应急照明、轿厢按钮、开关 检查面板和天花板的固定状态
安全钳/棘爪/夹紧装置	检查活动件是否自由运动及其磨损状态 检查润滑状态 检查固定状态 检验工作状态 检查开关状态
悬挂绳（链）	检查磨损、断丝、拉伸和张力等状态 检查润滑（如果有）状态
悬挂绳（链）端部	检查损伤和磨损状态 检查固定状态
层站出入口	检查层门锁、闭合触点的工作状态 检查层门是否能无阻碍地开门和关门 检查层门的导向装置 检查层门间隙 检查钢丝绳、链条或皮带（如果有）是否完整 检查紧急开锁装置 检查润滑状态
层站控制和指示器	检查工作状态
井道照明	检查工作状态
防沉降装置	检查工作状态
截止阀、单向节流阀	检查工作状态

续表

项目	要求
溢流阀	检查工作状态
手动下降阀	检查工作状态
手动泵	检查工作状态
软管/管道系统	检查是否受损和泄漏

表 3-8　　自动扶梯和自动人行道维护说明书包含的典型检查项目示例

项目	要求
所有零部件	检查是否清洁、无腐蚀
控制装置	检查控制屏（柜）是否清洁、干燥 检查控制屏（柜）内接线端子、接插件等是否松动、是否可靠
减速箱	检查齿轮和相关零件 检查润滑状态
驱动电机	检查轴承是否有异常噪声和（或）振动 检查润滑状态
制动器	检查制动系统 检查零件磨损状态
辅助制动器	检查制动系统 检查零件磨损状态
中间减速器	检查齿轮和相关零件 检查润滑状态
主驱动链	检查张力和磨损状态 检查润滑状态
梯级/踏板链条	检查张力和磨损状态 检查润滑状态
梯级/踏板	检查梯级/踏板和梯级/踏板轮是否完整
胶带	检查其状态和张力
驱动带	检查其状态和张力
间隙	检查梯级与梯级的间隙和梯级与围裙板的间隙
梳齿	检查工作状态 检查与梯级、踏板或胶带的间隙
梳齿板	检查间隙与工作状态
扶手带	检查是否运转平稳及工作状态 检查张紧状态 检查梯级/踏板、胶带与扶手之间的同步状态

续表

项目	要求
导向系统	检查其工作状态和磨损情况 检查固定状态
安全装置	检查工作状态
防夹装置	检查工作状态
照明	检查工作状态
显示	检查工作状态
标志/图示	检查状态
扶手装置	检查护板状态 检查固定件状态

3. 电梯救援作业时电梯设备管理组织须知

（1）电梯设备管理组织授权的救援被困乘客的人员应通过维护组织的培训。

作为一种替代方案，电梯设备管理组织可安排符合维护说明书要求的胜任的第三方对被授权的人员进行培训。

（2）培训内容应与特定的电梯设备相符，并应不断更新。

（3）所授权的救援人员仅可通过层门解救电梯内乘客。

（4）所授权的救援人员无法通过手动和（或）电气应急装置移动轿厢时，应与维护组织取得联系。

（5）电梯设备管理组织应告知其授权的救援人员只能由维护组织施行的救援作业。

4. 标记、标志、图示和书面警示

（1）如果维护组织所作的风险评价结果表明需要增加某种附加警示时，应将这些警示直接设置在电梯设备或零部件上，如果不能，也应在附近处设置。

（2）标记、标志、图示和书面警示应易于理解、无歧义，应尽可能采用易理解的标志和图示。

（3）不应使用仅标注“危险”的标志或书面警示。

（4）直接附在电梯设备或零部件上的标记、标志、图示和书面警示应能长久地保持清晰。

（5）电梯设备上的标记、标志、图示和书面警示模糊时应予以更新。

（6）书面警示应采用中文编写。

四、电梯设备风险评价

1. 通则

（1）电梯设备投放市场之前，制造商应对其进行风险评价。应通过相应的安全措施和适当的指导说明，尽可能合理地降低各种风险。指导说明不能替代用以减小危险的安全措施。

（2）应确定维护工作的不同方法，确定每一种方法所需采取的相应措施。

（3）利用诊断系统［如符合《电梯、自动扶梯和自动人行道物联网的技术规范》

（GB/T 24476—2017）规定的远程监视系统］可帮助查找故障，改善电梯设备的可维护性，以及降低维护人员身处危险的可能性。

（4）通过采取安全措施和提供指导说明来确保电梯设备维护工作中的安全。电梯设备的安全措施以及建筑物中的安全措施应分别由制造商和电梯设备管理组织提供。

（5）在任何工作区域内，均应识别与健康和安全有关的危险，并对各项维护工作进行风险评价，包括进入工作区域的通道等。为此，应考虑下列因素：

1）工作区域中存在一名或多名维护人员。

2）可预见的除维护人员以外的其他人员的行动（如合上或断开电源电路、从属电路或照明电路的人员，以及维护工作期间试图使用电梯设备的人员等）。

3）电梯设备可能出现的状态（因零件可预见的故障、外界干扰、电源干扰等导致的正常或异常状况）。

（6）《电梯、自动扶梯和自动人行道维修规范》（GB/T 18775—2009）附录 B（见表 3-9、表 3-10）给出了在进行维护工作风险评价时应予考虑的要素。《电梯、自动扶梯和自动人行道　风险评价和降低的方法》（GB/T 20900—2007）提供了进行风险评价的具体方法。

表 3-9　　电梯维护工作风险评价时应序考虑的要素示例

要素	维护区					
	轿厢	机器设备空间	滑轮空间	电梯外区域	底坑	轿顶
进出方式不适合（梯子不安全、无扶手、不合适的活板门、轿顶有阻挡物等）		×	×	×	×	×
未经准许擅自进入		×	×	×	×	×
照明不足（包括通道）	×	×	×	×	×	×
地面不平整（坑洞、凸台）	×	×	×	×	×	×
地面易滑倒	×	×	×	×	×	×
地面强度	×	×	×	×	×	×
尺寸不合适（通道、维护地点）	×	×	×	×	×	×
轿厢位置识别	×	×				
与电气部件的间接接触	×	×	×	×	×	×
开关		×	×	×	×	×
与活动件的接触（钢丝绳、滑轮）		×	×	×	×	×
意外动作	×	×	×	×	×	×
被活动件挤压（轿厢、对重、平衡重、液压缸、其他电梯）		×	×	×	×	×
轿厢和电梯井道壁之间的间隙		×	×			×
同一区域内有多台电梯		×	×	×	×	×
架空横梁和滑轮		×	×	×	×	×

续表

要素	维护区					
	轿厢	机器设备空间	滑轮空间	电梯外区域	底坑	轿顶
躲避空间		×	×		×	×
检修运行		×	×	×	×	×
多名维护人员工作		×	×	×	×	×
缺乏通信工具	×	×	×	×	×	×
通风和温度对人员的影响	×	×	×	×	×	×
意外的水/污物	×	×	×	×	×	×
危险物	×	×	×	×	×	×
坠落物体	×	×	×	×	×	×
被困	×	×	×	×	×	×
救援作业方法和控制	×	×	×	×	×	×
火情	×	×	×	×	×	×

注：×表示相关。电梯外区域是指对电梯外部设备、电梯外围以及从外部对井道、机器设备或滑轮空间内的设备进行维护工作的区域。

表 3-10　　自动扶梯和自动人行道维护工作中风险评价时所考虑的要素示例

要素	维护区					
	机器设备空间	梯级/踏板、胶带载客空间	梯级/踏板、胶带的载客和返回分支之间	上/下前沿板	控制柜	机房（外部驱动）
通道和入口	×	×	×	×	×	×
照明不足（包括通道）	×	×	×	×	×	×
坠落/滑动	×	×	×	×	×	×
在自动扶梯/自动人行道上跌倒		×		×		
翻越扶手装置跌落		×		×		
与运动的机械设备接触	×	×	×	×	×	×
与电气部件的间接接触	×	×	×	×	×	×
挤压和剪切（梯级/踏板之间、梯级/踏板与梳齿或梯级/踏板与围裙板）	×	×	×			
扶手装置间隙		×				
楼板和（或）自动扶梯之间的交叉点		×				
梯级/踏板/胶带上的人员		×		×		
安全开关和紧急停止装置	×	×	×	×	×	×

续表

要素	维护区					
	机器设备空间	梯级/踏板、胶带载客空间	梯级/踏板、胶带的载客和返回分支之间	上/下前沿板	控制柜	机房（外部驱动）
检修控制	×	×	×	×	×	×
固定件和活动件之间的相对运动		×				
意外启动/停止	×	×	×	×	×	×
设备运行（在无电源情况下）	×	×	×	×	×	×
多名维护人员工作	×	×	×	×	×	×
手动启动/停止	×		×	×	×	×
坠落物体	×	×	×	×		×
意外的水/污物	×	×	×	×	×	×
油脂污染	×	×	×	×		×
危险物	×	×	×	×	×	×
火情	×		×		×	×
梯级/踏板缺失	×	×	×	×		

注：×表示相关。

2. 维护组织须知

（1）为了达到安全维护的目的并提供相应的指导，应对维护工作加以识别，尤其是下列维护工作：

1）在电梯设备安装完成后，对于维持电梯设备及其零件正常和安全功能所需的操作。

2）在某些零部件使用寿命期间，对于确定零部件使用期限和状况所需的必要操作。

（2）在实施某些特定维护工作时，如果需要使某些安全功能（如电气安全装置）失效，应识别这些情况下的危险。

（3）应就下列各项对维护人员给予通告和警告：

1）存在的遗留风险，如通过设计和安全保护技术不能消除或不能完全消除的风险。

2）为某些特定维护工作而需要拆除某些保护装置所引起的风险。

（4）维护说明书和警告应对防止这些风险所采取的措施和操作方式进行说明，必要时，应规定个体防护装备、仪器、工具和应急预案。

第四章　电梯安全法规知识

本章共三节，内容包括电梯安全管理的法律法规、电梯安全管理的行政规章、电梯相关安全技术规范。

第一节　电梯安全管理的法律法规

本节介绍《特种设备安全法》和《特种设备安全监察条例》。

一、《特种设备安全法》的相关规定

《特种设备安全法》于 2013 年 6 月 29 日第十二届全国人民代表大会常务委员会第三次会议通过，自 2014 年 1 月 1 日起施行。

《特种设备安全法》分总则，生产、经营、使用，检验、检测，监督管理，事故应急救援与调查处理，法律责任和附则，共 7 章 101 条。与电梯安全管理相关的条款摘录如下：

第一条　为了加强特种设备安全工作，预防特种设备事故，保障人身和财产安全，促进经济社会发展，制定本法。

第二条　特种设备的生产（包括设计、制造、安装、改造、修理）、经营、使用、检验、检测和特种设备安全的监督管理，适用本法。

本法所称特种设备，是指对人身和财产安全有较大危险性的锅炉、压力容器（含气瓶）、压力管道、电梯、起重机械、客运索道、大型游乐设施、场（厂）内专用机动车辆，以及法律、行政法规规定适用本法的其他特种设备。

国家对特种设备实行目录管理。特种设备目录由国务院负责特种设备安全监督管理的部门制定，报国务院批准后执行。

第三条　特种设备安全工作应当坚持安全第一、预防为主、节能环保、综合治理的原则。

第四条　国家对特种设备的生产、经营、使用，实施分类的、全过程的安全监督管理。

第五条　国务院负责特种设备安全监督管理的部门对全国特种设备安全实施监督管理。县级以上地方各级人民政府负责特种设备安全监督管理的部门对本行政区域内特种设备安全实施监督管理。

第七条　特种设备生产、经营、使用单位应当遵守本法和其他有关法律、法规，建立、健全特种设备安全和节能责任制度，加强特种设备安全和节能管理，确保特种设备生产、经营、使用安全，符合节能要求。

第八条　特种设备生产、经营、使用、检验、检测应当遵守有关特种设备安全技术规范及相关标准。

特种设备安全技术规范由国务院负责特种设备安全监督管理的部门制定。

第十三条　特种设备生产、经营、使用单位及其主要负责人对其生产、经营、使用的特种设备安全负责。

特种设备生产、经营、使用单位应当按照国家有关规定配备特种设备安全管理人员、检测人员和作业人员，并对其进行必要的安全教育和技能培训。

第十四条　特种设备安全管理人员、检测人员和作业人员应当按照国家有关规定取得相应资格，方可从事相关工作。特种设备安全管理人员、检测人员和作业人员应当严格执行安全技术规范和管理制度，保证特种设备安全。

第十五条　特种设备生产、经营、使用单位对其生产、经营、使用的特种设备应当进行自行检测和维护保养，对国家规定实行检验的特种设备应当及时申报并接受检验。

第十八条　国家按照分类监督管理的原则对特种设备生产实行许可制度。……

…… ……

第十九条　特种设备生产单位应当保证特种设备生产符合安全技术规范及相关标准的要求，对其生产的特种设备的安全性能负责。不得生产不符合安全性能要求和能效指标以及国家明令淘汰的特种设备。

第二十条　……

特种设备产品、部件或者试制的特种设备新产品、新部件以及特种设备采用的新材料，按照安全技术规范的要求需要通过型式试验进行安全性验证的，应当经负责特种设备安全监督管理的部门核准的检验机构进行型式试验。

第二十一条　特种设备出厂时，应当随附安全技术规范要求的设计文件、产品质量合格证明、安装及使用维护保养说明、监督检验证明等相关技术资料和文件，并在特种设备显著位置设置产品铭牌、安全警示标志及其说明。

第二十二条　电梯的安装、改造、修理，必须由电梯制造单位或者其委托的依照本法取得相应许可的单位进行。电梯制造单位委托其他单位进行电梯安装、改造、修理的，应当对其安装、改造、修理进行安全指导和监控，并按照安全技术规范的要求进行校验和调试。电梯制造单位对电梯安全性能负责。

第二十三条　特种设备安装、改造、修理的施工单位应当在施工前将拟进行的特种设备安装、改造、修理情况书面告知直辖市或者设区的市级人民政府负责特种设备安全监督管理的部门。

第二十四条　特种设备安装、改造、修理竣工后，安装、改造、修理的施工单位应当在验收后三十日内将相关技术资料和文件移交特种设备使用单位。特种设备使用单位应当将其存入该特种设备的安全技术档案。

第二十五条　……电梯……的安装、改造、重大修理过程，应当经特种设备检验机构按照安全技术规范的要求进行监督检验；未经监督检验或者监督检验不合格的，不得出厂或者交付使用。

第二十六条　国家建立缺陷特种设备召回制度。因生产原因造成特种设备存在危及安全的同一性缺陷的，特种设备生产单位应当立即停止生产，主动召回。

国务院负责特种设备安全监督管理的部门发现特种设备存在应当召回而未召回的情形时，应当责令特种设备生产单位召回。

第二十七条　特种设备销售单位销售的特种设备，应当符合安全技术规范及相关标准的要求，其设计文件、产品质量合格证明、安装及使用维护保养说明、监督检验证明等相关技术资料和文件应当齐全。

特种设备销售单位应当建立特种设备检查验收和销售记录制度。

禁止销售未取得许可生产的特种设备，未经检验和检验不合格的特种设备，或者国家明令淘汰和已经报废的特种设备。

第三十二条　特种设备使用单位应当使用取得许可生产并经检验合格的特种设备。

禁止使用国家明令淘汰和已经报废的特种设备。

第三十三条　特种设备使用单位应当在特种设备投入使用前或者投入使用后三十日内，向负责特种设备安全监督管理的部门办理使用登记，取得使用登记证书。登记标志应当置于该特种设备的显著位置。

第三十四条　特种设备使用单位应当建立岗位责任、隐患治理、应急救援等安全管理制度，制定操作规程，保证特种设备安全运行。

第三十五条　特种设备使用单位应当建立特种设备安全技术档案。安全技术档案应当包括以下内容：

（一）特种设备的设计文件、产品质量合格证明、安装及使用维护保养说明、监督检验证明等相关技术资料和文件；

（二）特种设备的定期检验和定期自行检查记录；

（三）特种设备的日常使用状况记录；

（四）特种设备及其附属仪器仪表的维护保养记录；

（五）特种设备的运行故障和事故记录。

第三十六条　电梯……等为公众提供服务的特种设备的运营使用单位，应当对特种设备的使用安全负责，设置特种设备安全管理机构或者配备专职的特种设备安全管理人员；其他特种设备使用单位，应当根据情况设置特种设备安全管理机构或者配备专职、兼职的特种设备安全管理人员。

第三十七条　特种设备的使用应当具有规定的安全距离、安全防护措施。

与特种设备安全相关的建筑物、附属设施，应当符合有关法律、行政法规的规定。

第三十八条　特种设备属于共有的，共有人可以委托物业服务单位或者其他管理人管理特种设备，受托人履行本法规定的特种设备使用单位的义务，承担相应责任。共有人未委托的，由共有人或者实际管理人履行管理义务，承担相应责任。

第三十九条　特种设备使用单位应当对其使用的特种设备进行经常性维护保养和定期自行检查，并作出记录。

特种设备使用单位应当对其使用的特种设备的安全附件、安全保护装置进行定期校验、检修，并作出记录。

第四十条　特种设备使用单位应当按照安全技术规范的要求，在检验合格有效期届满前一个月向特种设备检验机构提出定期检验要求。

特种设备检验机构接到定期检验要求后，应当按照安全技术规范的要求及时进行安全性能检验。特种设备使用单位应当将定期检验标志置于该特种设备的显著位置。

未经定期检验或者检验不合格的特种设备，不得继续使用。

第四十一条　特种设备安全管理人员应当对特种设备使用状况进行经常性检查，发现问题应当立即处理；情况紧急时，可以决定停止使用特种设备并及时报告本单位有关负责人。

特种设备作业人员在作业过程中发现事故隐患或者其他不安全因素，应当立即向特种设备安全管理人员和单位有关负责人报告；特种设备运行不正常时，特种设备作业人员应当按照操作规程采取有效措施保证安全。

第四十二条　特种设备出现故障或者发生异常情况，特种设备使用单位应当对其进行全面检查，消除事故隐患，方可继续使用。

第四十三条　……

电梯……的运营使用单位应当将电梯……的安全使用说明、安全注意事项和警示标志置于易于为乘客注意的显著位置。

公众乘坐或者操作电梯……，应当遵守安全使用说明和安全注意事项的要求，服从有关工作人员的管理和指挥；遇有运行不正常时，应当按照安全指引，有序撤离。

第四十五条　电梯的维护保养应当由电梯制造单位或者依照本法取得许可的安装、改造、修理单位进行。

电梯的维护保养单位应当在维护保养中严格执行安全技术规范的要求，保证其维护保养的电梯的安全性能，并负责落实现场安全防护措施，保证施工安全。

电梯的维护保养单位应当对其维护保养的电梯的安全性能负责；接到故障通知后，应当立即赶赴现场，并采取必要的应急救援措施。

第四十六条　电梯投入使用后，电梯制造单位应当对其制造的电梯的安全运行情况进行跟踪调查和了解，对电梯的维护保养单位或者使用单位在维护保养和安全运行方面存在的问题，提出改进建议，并提供必要的技术帮助；发现电梯存在严重事故隐患时，应当及时告知电梯使用单位，并向负责特种设备安全监督管理的部门报告。电梯制造单位对调查和了解的情况，应当作出记录。

第四十七条　特种设备进行改造、修理，按照规定需要变更使用登记的，应当办理变更登记，方可继续使用。

第四十八条　特种设备存在严重事故隐患，无改造、修理价值，或者达到安全技术规范规定的其他报废条件的，特种设备使用单位应当依法履行报废义务，采取必要措施消除该特种设备的使用功能，并向原登记的负责特种设备安全监督管理的部门办理使用登记证书注销手续。

前款规定报废条件以外的特种设备，达到设计使用年限可以继续使用的，应当按照安全技术规范的要求通过检验或者安全评估，并办理使用登记证书变更，方可继续使用。允许继续使用的，应当采取加强检验、检测和维护保养等措施，确保使用安全。

第五十四条　特种设备生产、经营、使用单位应当按照安全技术规范的要求向特种设备检验、检测机构及其检验、检测人员提供特种设备相关资料和必要的检验、检测条件，并对资料的真实性负责。

第六十九条　国务院负责特种设备安全监督管理的部门应当依法组织制定特种设备重特大事故应急预案，报国务院批准后纳入国家突发事件应急预案体系。

县级以上地方各级人民政府及其负责特种设备安全监督管理的部门应当依法组织制定本行政区域内特种设备事故应急预案，建立或者纳入相应的应急处置与救援体系。

特种设备使用单位应当制定特种设备事故应急专项预案，并定期进行应急演练。

第七十条　特种设备发生事故后，事故发生单位应当按照应急预案采取措施，组织抢救，防止事故扩大，减少人员伤亡和财产损失，保护事故现场和有关证据，并及时向事故发生地县级以上人民政府负责特种设备安全监督管理的部门和有关部门报告。

…… ……

与事故相关的单位和人员不得迟报、谎报或者瞒报事故情况，不得隐匿、毁灭有关证据或者故意破坏事故现场。

第七十一条　事故发生地人民政府接到事故报告，应当依法启动应急预案，采取应急处置措施，组织应急救援。

第七十二条　特种设备发生特别重大事故，由国务院或者国务院授权有关部门组织事故调查组进行调查。

发生重大事故，由国务院负责特种设备安全监督管理的部门会同有关部门组织事故调查组进行调查。

发生较大事故，由省、自治区、直辖市人民政府负责特种设备安全监督管理的部门会同有关部门组织事故调查组进行调查。

发生一般事故，由设区的市级人民政府负责特种设备安全监督管理的部门会同有关部门组织事故调查组进行调查。

事故调查组应当依法、独立、公正开展调查，提出事故调查报告。

第七十三条　……有关部门和单位应当依照法律、行政法规的规定，追究事故责任单位和人员的责任。

事故责任单位应当依法落实整改措施，预防同类事故发生。事故造成损害的，事故责任单位应当依法承担赔偿责任。

第七十四条　违反本法规定，未经许可从事特种设备生产活动的，责令停止生产，没收违法制造的特种设备，处十万元以上五十万元以下罚款；有违法所得的，没收违法所得；已经实施安装、改造、修理的，责令恢复原状或者责令限期由取得许可的单位重新安装、改造、修理。

第七十五条　违反本法规定，特种设备的设计文件未经鉴定，擅自用于制造的，责令改正，没收违法制造的特种设备，处五万元以上五十万元以下罚款。

第七十六条　违反本法规定，未进行型式试验的，责令限期改正；逾期未改正的，处三万元以上三十万元以下罚款。

第七十七条　违反本法规定，特种设备出厂时，未按照安全技术规范的要求随附相关技术资料和文件的，责令限期改正；逾期未改正的，责令停止制造、销售，处二万元以上二十万元以下罚款；有违法所得的，没收违法所得。

第七十八条　违反本法规定，特种设备安装、改造、修理的施工单位在施工前未书面告知负责特种设备安全监督管理的部门即行施工的，或者在验收后三十日内未将相关技术资料和文件移交特种设备使用单位的，责令限期改正；逾期未改正的，处一万元以上十万元以下罚款。

第七十九条　违反本法规定，特种设备的制造、安装、改造、重大修理……，未经监督检验的，责令限期改正；逾期未改正的，处五万元以上二十万元以下罚款；有违法所得的，没收违法所得；情节严重的，吊销生产许可证。

第八十三条　违反本法规定，特种设备使用单位有下列行为之一的，责令限期改正；逾期未改正的，责令停止使用有关特种设备，处一万元以上十万元以下罚款：

（一）使用特种设备未按照规定办理使用登记的；

（二）未建立特种设备安全技术档案或者安全技术档案不符合规定要求，或者未依法设置使用登记标志、定期检验标志的；

（三）未对其使用的特种设备进行经常性维护保养和定期自行检查，或者未对其使用的特种设备的安全附件、安全保护装置进行定期校验、检修，并作出记录的；

（四）未按照安全技术规范的要求及时申报并接受检验的；

…… ……

（六）未制定特种设备事故应急专项预案的。

第八十四条　违反本法规定，特种设备使用单位有下列行为之一的，责令停止使用有关特种设备，处三万元以上三十万元以下罚款：

（一）使用未取得许可生产，未经检验或者检验不合格的特种设备，或者国家明令淘汰、已经报废的特种设备的。

（二）特种设备出现故障或者发生异常情况，未对其进行全面检查、消除事故隐患，继续使用的。

（三）特种设备存在严重事故隐患，无改造、修理价值，或者达到安全技术规范规定的其他报废条件，未依法履行报废义务，并办理使用登记证书注销手续的。

第八十六条　违反本法规定，特种设备生产、经营、使用单位有下列情形之一的，责令限期改正；逾期未改正的，责令停止使用有关特种设备或者停产停业整顿，处一万元以上五万元以下罚款：

（一）未配备具有相应资格的特种设备安全管理人员、检测人员和作业人员的；

（二）使用未取得相应资格的人员从事特种设备安全管理、检测和作业的；

（三）未对特种设备安全管理人员、检测人员和作业人员进行安全教育和技能培训的。

第八十七条　违反本法规定，电梯……的运营使用单位有下列情形之一的，责令限期改正；逾期未改正的，责令停止使用有关特种设备或者停产停业整顿，处二万元以上十万元以下罚款：

（一）未设置特种设备安全管理机构或者配备专职的特种设备安全管理人员的；

…… ……

（三）未将电梯……的安全使用说明、安全注意事项和警示标志置于易于为乘客注意的显著位置的。

第八十八条　违反本法规定，未经许可，擅自从事电梯维护保养的，责令停止违法行为，处一万元以上十万元以下罚款；有违法所得的，没收违法所得。

电梯的维护保养单位未按照本法规定以及安全技术规范的要求，进行电梯维护保养的，依照前款规定处罚。

第八十九条　发生特种设备事故，有下列情形之一的，对单位处五万元以上二十万元以下罚款；对主要负责人处一万元以上五万元以下罚款；主要负责人属于国家工作人员的，并依法给予处分：

（一）发生特种设备事故时，不立即组织抢救或者在事故调查处理期间擅离职守或者逃匿的；

（二）对特种设备事故迟报、谎报或者瞒报的。

第九十条　发生事故，对负有责任的单位除要求其依法承担相应的赔偿等责任外，依照下列规定处以罚款：

（一）发生一般事故，处十万元以上二十万元以下罚款；

（二）发生较大事故，处二十万元以上五十万元以下罚款；

（三）发生重大事故，处五十万元以上二百万元以下罚款。

第九十一条　对事故发生负有责任的单位的主要负责人未依法履行职责或者负有领导责任的，依照下列规定处以罚款；属于国家工作人员的，并依法给予处分：

（一）发生一般事故，处上一年年收入百分之三十的罚款；

（二）发生较大事故，处上一年年收入百分之四十的罚款；

（三）发生重大事故，处上一年年收入百分之六十的罚款。

第九十二条　违反本法规定，特种设备安全管理人员、检测人员和作业人员不履行岗位职责，违反操作规程和有关安全规章制度，造成事故的，吊销相关人员的资格。

第九十五条　违反本法规定，特种设备生产、经营、使用单位或者检验、检测机构拒不接受负责特种设备安全监督管理的部门依法实施的监督检查的，责令限期改正；逾期未改正的，责令停产停业整顿，处二万元以上二十万元以下罚款。

特种设备生产、经营、使用单位擅自动用、调换、转移、损毁被查封、扣押的特种设备或者其主要部件的，责令改正，处五万元以上二十万元以下罚款；情节严重的，吊销生产许可证，注销特种设备使用登记证书。

第九十六条　违反本法规定，被依法吊销许可证的，自吊销许可证之日起三年内，负责特种设备安全监督管理的部门不予受理其新的许可申请。

第九十七条　违反本法规定，造成人身、财产损害的，依法承担民事责任。

…… ……

第九十八条　违反本法规定，构成违反治安管理行为的，依法给予治安管理处罚；构成犯罪的，依法追究刑事责任。

第一百条　军事装备、核设施、航空航天器使用的特种设备安全的监督管理不适用本法。

铁路机车、海上设施和船舶、矿山井下使用的特种设备以及民用机场专用设备安全的监督管理，房屋建筑工地、市政工程工地用起重机械和场（厂）内专用机动车辆的安装、使用的监督管理，由有关部门依照本法和其他有关法律的规定实施。

二、《特种设备安全监察条例》的相关规定

在《特种设备安全法》施行之前，国务院颁布实施了《特种设备安全监察条例》这一行政法规。

《特种设备安全监察条例》于 2003 年 3 月 11 日中华人民共和国国务院令第 373 号公布，自 2003 年 6 月 1 日起施行。

《特种设备安全监察条例》经过一次修订。《国务院关于修改〈特种设备安全监察条例〉的决定》经 2009 年 1 月 14 日国务院第 46 次常务会议通过，2009 年 1 月 24 日中华人民共和

国国务院令第549号公布，自2009年5月1日起施行。与电梯安全管理相关的规定摘录如下：

第十八条 电梯井道的土建工程必须符合建筑工程质量要求。电梯安装施工过程中，电梯安装单位应当遵守施工现场的安全生产要求，落实现场安全防护措施。电梯安装施工过程中，施工现场的安全生产监督，由有关部门依照有关法律、行政法规的规定执行。

电梯安装施工过程中，电梯安装单位应当服从建筑施工总承包单位对施工现场的安全生产管理，并订立合同，明确各自的安全责任。

第二十七条 特种设备使用单位应当对在用特种设备进行经常性日常维护保养，并定期自行检查。

特种设备使用单位对在用特种设备应当至少每月进行一次自行检查，并作出记录。特种设备使用单位在对在用特种设备进行自行检查和日常维护保养时发现异常情况的，应当及时处理。

特种设备使用单位应当对在用特种设备的安全附件、安全保护装置、测量调控装置及有关附属仪器仪表进行定期校验、检修，并作出记录。

…… ……

第二十八条 特种设备使用单位应当按照安全技术规范的定期检验要求，在安全检验合格有效期届满前1个月向特种设备检验检测机构提出定期检验要求。

…… ……

未经定期检验或者检验不合格的特种设备，不得继续使用。

第二十九条 特种设备出现故障或者发生异常情况，使用单位应当对其进行全面检查，消除事故隐患后，方可重新投入使用。

特种设备不符合能效指标的，特种设备使用单位应当采取相应措施进行整改。

第三十一条 电梯的日常维护保养必须由依照本条例取得许可的安装、改造、维修单位或者电梯制造单位进行。

电梯应当至少每15日进行一次清洁、润滑、调整和检查。

第三十二条 电梯的日常维护保养单位应当在维护保养中严格执行国家安全技术规范的要求，保证其维护保养的电梯的安全技术性能，并负责落实现场安全防护措施，保证施工安全。

电梯的日常维护保养单位，应当对其维护保养的电梯的安全性能负责。接到故障通知后，应当立即赶赴现场，并采取必要的应急救援措施。

第三十六条 电梯……的乘客应当遵守使用安全注意事项的要求，服从有关工作人员的指挥。

第三十七条 电梯投入使用后，电梯制造单位应当对其制造的电梯的安全运行情况进行跟踪调查和了解，对电梯的日常维护保养单位或者电梯的使用单位在安全运行方面存在的问题，提出改进建议，并提供必要的技术帮助。发现电梯存在严重事故隐患的，应当及时向特种设备安全监督管理部门报告。电梯制造单位对调查和了解的情况，应当作出记录。

第三十八条 ……电梯……的作业人员及其相关管理人员（以下统称特种设备作业人员），应当按照国家有关规定经特种设备安全监督管理部门考核合格，取得国家统一格式的特种作业人员证书，方可从事相应的作业或者管理工作。

第三十九条　特种设备使用单位应当对特种设备作业人员进行特种设备安全、节能教育和培训，保证特种设备作业人员具备必要的特种设备安全、节能知识。

特种设备作业人员在作业中应当严格执行特种设备的操作规程和有关的安全规章制度。

第四十条　特种设备作业人员在作业过程中发现事故隐患或者其他不安全因素，应当立即向现场安全管理人员和单位有关负责人报告。

第六十一条　有下列情形之一的，为特别重大事故：

（一）特种设备事故造成30人以上死亡，或者100人以上重伤（包括急性工业中毒，下同），或者1亿元以上直接经济损失的；

…… ……

第六十二条　有下列情形之一的，为重大事故：

（一）特种设备事故造成10人以上30人以下死亡，或者50人以上100人以下重伤，或者 5 000万元以上1亿元以下直接经济损失的；

…… ……

第六十三条　有下列情形之一的，为较大事故：

（一）特种设备事故造成3人以上10人以下死亡，或者10人以上50人以下重伤，或者1 000万元以上 5 000万元以下直接经济损失的；

…… ……

第六十四条　有下列情形之一的，为一般事故：

（一）特种设备事故造成3人以下死亡，或者10人以下重伤，或者1万元以上 1 000万元以下直接经济损失的；

…… ……

（三）电梯轿厢滞留人员2小时以上的；

…… ……

第七十五条　未经许可，擅自从事……电梯……及其安全附件、安全保护装置的制造、安装、改造以及压力管道元件的制造活动的，由特种设备安全监督管理部门予以取缔，没收非法制造的产品，已经实施安装、改造的，责令恢复原状或者责令限期由取得许可的单位重新安装、改造，处10万元以上50万元以下罚款；触犯刑律的，对负有责任的主管人员和其他直接责任人员依照刑法关于生产、销售伪劣产品罪、非法经营罪、重大责任事故罪或者其他罪的规定，依法追究刑事责任。

第七十六条　特种设备出厂时，未按照安全技术规范的要求附有设计文件、产品质量合格证明、安装及使用维修说明、监督检验证明等文件的，由特种设备安全监督管理部门责令改正；情节严重的，责令停止生产、销售，处违法生产、销售货值金额30%以下罚款；有违法所得的，没收违法所得。

第七十七条　未经许可，擅自从事……电梯……的维修或者日常维护保养的，由特种设备安全监督管理部门予以取缔，处1万元以上5万元以下罚款；有违法所得的，没收违法所得；触犯刑律的，对负有责任的主管人员和其他直接责任人员依照刑法关于非法经营罪、重大责任事故罪或者其他罪的规定，依法追究刑事责任。

第七十八条　……电梯……的改造、维修单位，在施工前未将拟进行的特种设备安装、改造、维修情况书面告知直辖市或者设区的市的特种设备安全监督管理部门即行施工的，或者在验收后30日内未将有关技术资料移交……电梯……的使用单位的，由特种设备安全监督管理部门责令限期改正；逾期未改正的，处 2 000 元以上 1 万元以下罚款。

第七十九条　……电梯……的安装、改造、重大维修过程……，未经国务院特种设备安全监督管理部门核准的检验检测机构按照安全技术规范的要求进行监督检验的，由特种设备安全监督管理部门责令改正，已经出厂的，没收违法生产、销售的产品，已经实施安装、改造、重大维修或者清洗的，责令限期进行监督检验，处5万元以上20万元以下罚款；有违法所得的，没收违法所得；情节严重的，撤销制造、安装、改造或者维修单位已经取得的许可，并由工商行政管理部门吊销其营业执照；触犯刑律的，对负有责任的主管人员和其他直接责任人员依照刑法关于生产、销售伪劣产品罪或者其他罪的规定，依法追究刑事责任。

第八十三条　特种设备使用单位有下列情形之一的，由特种设备安全监督管理部门责令限期改正；逾期未改正的，处2 000元以上 2 万元以下罚款；情节严重的，责令停止使用或者停产停业整顿：

（一）特种设备投入使用前或者投入使用后30 日内，未向特种设备安全监督管理部门登记，擅自将其投入使用的；

（二）未依照本条例第二十六条的规定，建立特种设备安全技术档案的；

（三）未依照本条例第二十七条的规定，对在用特种设备进行经常性日常维护保养和定期自行检查的，或者对在用特种设备的安全附件、安全保护装置、测量调控装置及有关附属仪器仪表进行定期校验、检修，并作出记录的；

（四）未按照安全技术规范的定期检验要求，在安全检验合格有效期届满前 1 个月向特种设备检验检测机构提出定期检验要求的；

（五）使用未经定期检验或者检验不合格的特种设备的；

（六）特种设备出现故障或者发生异常情况，未对其进行全面检查、消除事故隐患，继续投入使用的；

（七）未制定特种设备事故应急专项预案的；

（八）未依照本条例第三十一条第二款的规定，对电梯进行清洁、润滑、调整和检查的；

…… ……

（十）特种设备不符合能效指标，未及时采取相应措施进行整改的。

特种设备使用单位使用未取得生产许可的单位生产的特种设备……，由特种设备安全监督管理部门责令停止使用，予以没收，处2 万元以上 10 万元以下罚款。

第八十四条　特种设备存在严重事故隐患，无改造、维修价值，或者超过安全技术规范规定的使用年限，特种设备使用单位未予以报废，并向原登记的特种设备安全监督管理部门办理注销的，由特种设备安全监督管理部门责令限期改正；逾期未改正的，处5 万元以上 20 万元以下罚款。

第八十五条　电梯……的运营使用单位有下列情形之一的，由特种设备安全监督管理部门责令限期改正；逾期未改正的，责令停止使用或者停产停业整顿，处 1 万元以上 5 万元以下罚款：

…… ……

（二）未将电梯……的安全注意事项和警示标志置于易于为乘客注意的显著位置的。

第八十六条　特种设备使用单位有下列情形之一的，由特种设备安全监督管理部门责令限期改正；逾期未改正的，责令停止使用或者停产停业整顿，处 2 000 元以上 2 万元以下罚款：

（一）未依照本条例规定设置特种设备安全管理机构或者配备专职、兼职的安全管理人员的；

（二）从事特种设备作业的人员，未取得相应特种作业人员证书，上岗作业的；

（三）未对特种设备作业人员进行特种设备安全教育和培训的。

第八十七条　发生特种设备事故，有下列情形之一的，对单位，由特种设备安全监督管理部门处 5 万元以上 20 万元以下罚款；对主要负责人，由特种设备安全监督管理部门处 4 000 元以上 2 万元以下罚款；属于国家工作人员的，依法给予处分；触犯刑律的，依照刑法关于重大责任事故罪或者其他罪的规定，依法追究刑事责任：

（一）特种设备使用单位的主要负责人在本单位发生特种设备事故时，不立即组织抢救或者在事故调查处理期间擅离职守或者逃匿的；

（二）特种设备使用单位的主要负责人对特种设备事故隐瞒不报、谎报或者拖延不报的。

第九十八条　特种设备的生产、使用单位或者检验检测机构，拒不接受特种设备安全监督管理部门依法实施的安全监察的，由特种设备安全监督管理部门责令限期改正；逾期未改正的，责令停产停业整顿，处 2 万元以上 10 万元以下罚款；触犯刑律的，依照刑法关于妨害公务罪或者其他罪的规定，依法追究刑事责任。

特种设备生产、使用单位擅自动用、调换、转移、损毁被查封、扣押的特种设备或者其主要部件的，由特种设备安全监督管理部门责令改正，处 5 万元以上 20 万元以下罚款；情节严重的，撤销其相应资格。

第九十九条　本条例下列用语的含义是：

…… ……

（四）电梯，是指动力驱动，利用沿刚性导轨运行的箱体或者沿固定线路运行的梯级（踏步），进行升降或者平行运送人、货物的机电设备，包括载人（货）电梯、自动扶梯、自动人行道等。

…… ……

特种设备包括其所用的材料、附属的安全附件、安全保护装置和与安全保护装置相关的设施。

第二节　电梯安全管理的行政规章

本节介绍《特种设备事故报告和调查处理规定》《特种设备作业人员监督管理办法》《特种设备现场安全监督检查规则》。

一、《特种设备事故报告和调查处理规定》的相关规定

《特种设备事故报告和调查处理规定》于 2009 年 7 月 3 日由国家质量监督检验检疫总局以总局第 115 号令公布，自公布之日起施行。2001 年 9 月 17 日国家质量监督检验检疫总局下发的《锅炉压力容器压力管道特种设备事故处理规定》同时废止。电梯安全相关规定摘录如下：

第二条　特种设备制造、安装、改造、维修、使用……、检验检测活动中发生的特种设备事故，其报告、调查和处理工作适用本规定。

第三条　国家质量监督检验检疫总局（以下简称国家质检总局）主管全国特种设备事故报告、调查和处理工作，县以上地方质量技术监督部门负责本行政区域内的特种设备事故报告、调查和处理工作。

第四条　事故报告应当及时、准确、完整，任何单位和个人对事故不得迟报、漏报、谎报或者瞒报。

事故调查和处理工作必须坚持实事求是、客观公正、尊重科学的原则，及时、准确地查清事故经过、事故原因和事故损失，查明事故性质，认定事故责任，提出处理和整改措施，并对事故责任单位和责任人员依法追究责任。

第五条　任何单位和个人不得阻挠和干涉特种设备事故报告、调查和处理工作。

对事故报告、调查和处理中的违法行为，任何单位和个人有权向各级质量技术监督部门或者有关部门举报。接到举报的部门应当依法及时处理。

第六条　本规定所称特种设备事故，是指因特种设备的不安全状态或者相关人员的不安全行为，在特种设备制造、安装、改造、维修、使用（含移动式压力容器、气瓶充装）、检验检测活动中造成的人员伤亡、财产损失、特种设备严重损坏或者中断运行、人员滞留、人员转移等突发事件。

第七条　按照《特种设备安全监察条例》的规定，特种设备事故分为特别重大事故、重大事故、较大事故和一般事故。

第八条　下列情形不属于特种设备事故：

（一）因自然灾害、战争等不可抗力引发的；

（二）通过人为破坏或者利用特种设备等方式实施违法犯罪活动或者自杀的；

（三）特种设备作业人员、检验检测人员因劳动保护措施缺失或者保护不当而发生坠落、中毒、窒息等情形的。

第九条　因交通事故、火灾事故引发的与特种设备相关的事故，由质量技术监督部门配合有关部门进行调查处理。经调查，该事故的发生与特种设备本身或者相关作业人员无关的，不作为特种设备事故。

非承压锅炉、非压力容器发生事故，不属于特种设备事故。但经本级人民政府指定，质量技术监督部门可以参照本规定组织进行事故调查处理。

房屋建筑工地和市政工程工地用的起重机械、场（厂）内专用机动车辆，在其安装、使用过程中发生的事故，不属于质量技术监督部门组织调查处理的特种设备事故。

第十条　发生特种设备事故后，事故现场有关人员应当立即向事故发生单位负责人报告；事故发生单位的负责人接到报告后，应当于 1 小时内向事故发生地的县以上质量技术监督部门和有关部门报告。

情况紧急时，事故现场有关人员可以直接向事故发生地的县以上质量技术监督部门报告。

第十二条　报告事故应当包括以下内容：

（一）事故发生的时间、地点、单位概况以及特种设备种类；

（二）事故发生初步情况，包括事故简要经过、现场破坏情况、已经造成或者可能造成的伤亡和涉险人数、初步估计的直接经济损失、初步确定的事故等级、初步判断的事故原因；

（三）已经采取的措施；

（四）报告人姓名、联系电话；

（五）其他有必要报告的情况。

第十五条　事故发生单位的负责人接到事故报告后，应当立即启动事故应急预案，采取有效措施，组织抢救，防止事故扩大，减少人员伤亡和财产损失。

…… ……

第十八条　发生特种设备事故后，事故发生单位及其人员应当妥善保护事故现场以及相关证据，及时收集、整理有关资料，为事故调查做好准备；必要时，应当对设备、场地、资料进行封存，由专人看管。

因抢救人员、防止事故扩大以及疏通交通等原因，需要移动事故现场物件的，负责移动的单位或者相关人员应当做出标志，绘制现场简图并做出书面记录，妥善保存现场重要痕迹、物证。有条件的，应当现场制作视听资料。

事故调查期间，任何单位和个人不得擅自移动事故相关设备，不得毁灭相关资料、伪造或者故意破坏事故现场。

第二十八条　……

事故发生单位的负责人和有关人员在事故调查期间不得擅离职守，应当随时接受事故调查组的询问，如实提供有关情况或者资料。

第三十条　……

事故调查组根据当事人行为与特种设备事故之间的因果关系以及在特种设备事故中的影响程度，认定当事人所负的责任。当事人所负的责任分为全部责任、主要责任和次要责任。

当事人伪造或者故意破坏事故现场、毁灭证据、未及时报告事故等，致使事故责任无法认定的，应当承担全部责任。

第三十四条　依照《特种设备安全监察条例》的规定，省级质量技术监督部门组织的事故调查，其事故调查报告报省级人民政府批复，并报国家质检总局备案；市级质量技术监督部门组织的事故调查，其事故调查报告报市级人民政府批复，并报省级质量技术监督部门备案。

国家质检总局组织的事故调查，事故调查报告的批复按照国务院有关规定执行。

第三十七条　事故发生单位应当落实事故防范和整改措施。防范和整改措施的落实情况应当接受工会和职工的监督。

事故发生地质量技术监督部门应当对事故责任单位落实防范和整改措施的情况进行监督检查。

第四十四条　发生特种设备特别重大事故，依照《生产安全事故报告和调查处理条例》的有关规定实施行政处罚和处分；构成犯罪的，依法追究刑事责任。

第四十五条　发生特种设备重大事故及其以下等级事故的，依照《特种设备安全监察条例》的有关规定实施行政处罚和处分；构成犯罪的，依法追究刑事责任。

第四十六条　发生特种设备事故，有下列行为之一，构成犯罪的，依法追究刑事责任；构成有关法律法规规定的违法行为的，依法予以行政处罚；未构成有关法律法规规定的违法行为的，由质量技术监督部门等处以 4 000 元以上 2 万元以下的罚款：

（一）伪造或者故意破坏事故现场的；

（二）拒绝接受调查或者拒绝提供有关情况或者资料的；

（三）阻挠、干涉特种设备事故报告和调查处理工作的。

二、《特种设备作业人员监督管理办法》的相关规定

《特种设备作业人员监督管理办法》于 2005 年 1 月 10 日以国家质量监督检验检疫总局令第 70 号公布，自 2005 年 7 月 1 日起施行。2011 年 5 月 3 日《国家质量监督检验检疫总局关于修改〈特种设备作业人员监督管理办法〉的决定》以国家质量监督检验检疫总局令第 140 号公布，自 2011 年 7 月 1 日起施行。电梯安全管理相关规定摘录如下：

第二条　……电梯……等特种设备的作业人员及其相关管理人员统称特种设备作业人员。特种设备作业人员作业种类与项目目录由国家质量监督检验检疫总局统一发布。

从事特种设备作业的人员应当按照本办法的规定，经考核合格取得《特种设备作业人员证》，方可从事相应的作业或者管理工作。

第四条　申请《特种设备作业人员证》的人员，应当首先向省级质量技术监督部门指定的特种设备作业人员考试机构（以下简称考试机构）报名参加考试。

第五条　特种设备生产、使用单位（以下统称用人单位）应当聘（雇）用取得《特种设备作业人员证》的人员从事相关管理和作业工作，并对作业人员进行严格管理。

特种设备作业人员应当持证上岗，按章操作，发现隐患及时处置或者报告。

第十条　申请《特种设备作业人员证》的人员应当符合下列条件：

（一）年龄在 18 周岁以上；

（二）身体健康并满足申请从事的作业种类对身体的特殊要求；

（三）有与申请作业种类相适应的文化程度；

（四）具有相应的安全技术知识与技能；

（五）符合安全技术规范规定的其他要求。

作业人员的具体条件应当按照相关安全技术规范的规定执行。

第十一条　用人单位应当对作业人员进行安全教育和培训，保证特种设备作业人员具备必要的特种设备安全作业知识、作业技能和及时进行知识更新。作业人员未能参加用人单位培训的，可以选择专业培训机构进行培训。

作业人员培训的内容按照国家质检总局制定的相关作业人员培训考核大纲等安全技术规范执行。

第十二条　符合条件的申请人员应当向考试机构提交有关证明材料，报名参加考试。

第十九条　持有《特种设备作业人员证》的人员，必须经用人单位的法定代表人（负责人）或者其授权人雇（聘）用后，方可在许可的项目范围内作业。

第二十条　用人单位应当加强对特种设备作业现场和作业人员的管理，履行下列义务：

（一）制订特种设备操作规程和有关安全管理制度；

（二）聘用持证作业人员，并建立特种设备作业人员管理档案；

（三）对作业人员进行安全教育和培训；

（四）确保持证上岗和按章操作；

（五）提供必要的安全作业条件；

（六）其他规定的义务。

用人单位可以指定一名本单位管理人员作为特种设备安全管理负责人，具体负责前款规定的相关工作。

第二十一条　特种设备作业人员应当遵守以下规定：

（一）作业时随身携带证件，并自觉接受用人单位的安全管理和质量技术监督部门的监督检查；

（二）积极参加特种设备安全教育和安全技术培训；

（三）严格执行特种设备操作规程和有关安全规章制度；

（四）拒绝违章指挥；

（五）发现事故隐患或者不安全因素应当立即向现场管理人员和单位有关负责人报告；

（六）其他有关规定。

第二十二条　《特种设备作业人员证》每4年复审一次。持证人员应当在复审期届满3个月前，向发证部门提出复审申请。对持证人员在4年内符合有关安全技术规范规定的不间断作业要求和安全、节能教育培训要求，且无违章操作或者管理等不良记录、未造成事故的，发证部门应当按照有关安全技术规范的规定准予复审合格，并在证书正本上加盖发证部门复审合格章。

复审不合格、逾期未复审的，其《特种设备作业人员证》予以注销。

第二十三条　有下列情形之一的，应当撤销《特种设备作业人员证》：

（一）持证作业人员以考试作弊或者以其他欺骗方式取得《特种设备作业人员证》的；

（二）持证作业人员违反特种设备的操作规程和有关的安全规章制度操作，情节严重的；

（三）持证作业人员在作业过程中发现事故隐患或者其他不安全因素未立即报告，情节严重的；

（四）考试机构或者发证部门工作人员滥用职权、玩忽职守、违反法定程序或者超越发证范围考核发证的；

（五）依法可以撤销的其他情形。

违反前款第（一）项规定的，持证人3年内不得再次申请《特种设备作业人员证》。

第二十四条　《特种设备作业人员证》遗失或者损毁的，持证人应当及时报告发证部门，并在当地媒体予以公告。查证属实的，由发证部门补办证书。

第二十五条　任何单位和个人不得非法印制、伪造、涂改、倒卖、出租或者出借《特种设备作业人员证》。

第三十条　申请人隐瞒有关情况或者提供虚假材料申请《特种设备作业人员证》的，不予受理或者不予批准发证，并在1年内不得再次申请《特种设备作业人员证》。

第三十一条　有下列情形之一的，责令用人单位改正，并处 1 000元以上3万元以下罚款：

（一）违章指挥特种设备作业的；

（二）作业人员违反特种设备的操作规程和有关的安全规章制度操作，或者在作业过程中发现事故隐患或者其他不安全因素未立即向现场管理人员和单位有关负责人报告，用人单位未给予批评教育或者处分的。

第三十二条　非法印制、伪造、涂改、倒卖、出租、出借《特种设备作业人员证》，或者使用非法印制、伪造、涂改、倒卖、出租、出借《特种设备作业人员证》的，处 1 000 元以下罚款；构成犯罪的，依法追究刑事责任。

第三十六条　特种设备作业人员未取得《特种设备作业人员证》上岗作业，或者用人单位未对特种设备作业人员进行安全教育和培训的，按照《特种设备安全监察条例》第八十六条的规定对用人单位予以处罚。

第三十九条　本办法不适用于从事房屋建筑工地和市政工程工地起重机械作业及其相关管理的人员。

三、《特种设备现场安全监督检查规则》的相关规定

《特种设备现场安全监督检查规则》由国家质量监督检验检疫总局于 2015 年 1 月 7 日以《质检总局关于发布〈特种设备现场安全监督检查规则〉的公告》（2015 年第 5 号）发布。电梯安全管理相关规定摘录如下：

第一条　为督促特种设备生产、经营和使用单位落实安全主体责任，加强特种设备安全监督检查工作并建立长效机制，同时规范现场安全监督检查行为，根据《特种设备安全法》和《特种设备安全监察条例》，制定本规则。

第二条　本规则适用于国家质量监督检验检疫总局（以下简称质检总局）和省以下各级负责特种设备安全监督管理的部门（以下简称监管部门）对特种设备生产（含设计、制造、安装、改造、修理，下同）、经营（含销售、出租、进口）和使用单位（含气瓶、移动式压力容器充装单位，下同）实施的安全监督检查。

本规则不适用于许可实施机关对取得生产许可单位开展的监督抽查，以及特种设备事故调查处理工作。

第三条　特种设备现场安全监督检查分为日常监督检查和专项监督检查。

日常监督检查，是指按照本规则规定的检查计划、检查项目、检查内容，对被检查单位实施的监督检查。

专项监督检查，是指根据各级人民政府及其所属有关部门的统一部署，或由各级监管部门组织的，针对具体情况，在规定的时间内，对被检查单位的特定设备或项目实施的监督检查。

第四条　实施特种设备现场安全监督检查时，应当有 2 名以上持有特种设备安全行政执法证件的人员参加；根据需要，可以邀请有关技术人员参与检查（以下统称检查人员）。

第五条　对特种设备生产单位的日常监督检查，由省、自治区、直辖市监管部门（以下简称省级监管部门）根据风险情况提出当年检查重点，由市级监管部门（包括副省级市、地级市、自治州、盟、直辖市的辖区或县的监管部门，以下简称市级监管部门）结合当地实际制定检查计划，报同级人民政府后组织实施。

第六条　特种设备生产单位的日常监督检查，应当重点安排对以下单位进行检查：

（一）取得许可资质未满 1 年的；

（二）近 2 年发生过特种设备事故的；

（三）近 2 年发生过因产品缺陷实施强制召回的；

（四）举报投诉较多且经确认属实的，以及检验、检测机构和鉴定评审机构等反映质量

和安全管理较差的。

第七条　对特种设备使用单位的日常监督检查，由市级监管部门根据风险情况确定当年检查的重点和检查单位数量，制定计划并报同级人民政府，由市、县（含县级市、上述市级下辖的区和县，下同）级监管部门按计划分级组织实施。

其中，属于重点监督检查的特种设备使用单位，每年日常监督检查次数不得少于 1 次。

第八条　重点监督检查的特种设备使用单位目录，由市级监管部门参照以下因素确定：

（一）学校、幼儿园以及医院、车站、客运码头、商场、体育场馆、展览馆、公园等公众聚集场所的特种设备使用单位；

（二）近 2 年发生过特种设备事故的特种设备使用单位；

（三）市、县级监管部门认为有必要实施重点监督检查的特种设备使用单位。

第九条　对特种设备生产和使用单位的日常监督检查计划以及当年重点监督检查的特种设备使用单位目录，应报省级监管部门备案。

第十条　日常监督检查的项目和内容，按照《特种设备生产单位现场安全监督检查项目表》（附 1）、《特种设备使用单位现场安全监督检查项目表》（附 2）的规定执行。

其中，对在用特种设备安全状况的检查实行抽查方式，对一个使用单位，至少抽查 1 台（套）在用特种设备。

第十一条　特种设备专项监督检查包括：

（一）重点时段监督检查。根据国家或地区重大活动及节假日的安全保障需要，针对特定单位、设备和项目开展的监督检查；

（二）专项整治监督检查。根据安全生产形势、近期发生的典型事故或连续发生同类事故的隐患整治等需要，由各级人民政府及其所属有关部门统一部署，或由各级监管部门自行组织的，对特定的设备或项目实施的监督检查；

（三）其他专项监督检查。针对特种设备检验、检测机构报告的重大问题或投诉举报反映的问题等实施的监督检查。

第十二条　特种设备检验、检测机构实施监督检验和定期检验时，发现以下重大问题之一的，应当及时书面告知受检单位，并书面报告所在地的县或者市级监管部门：

（一）特种设备生产单位重大问题：

1. 未经许可从事相应生产活动的；

2. 不再符合许可条件的；

3. 拒绝监督检验的；

4. 产品未经监督检验合格擅自出厂或者交付用户使用的。

（二）特种设备使用单位重大问题：

1. 使用非法生产特种设备的；

2. 超过特种设备的规定参数范围使用的；

3. 使用应当予以报废的特种设备的；

4. 使用超期未检、经检验检测判为不合格且限期未整改的或复检不合格特种设备的。

第十三条　特种设备专项监督检查由各级监管部门按照职责权限实施：

（一）重点时段监督检查和专项整治监督检查，由各级监管部门按照统一部署实施。

（二）对检验、检测机构报告的重大问题，需要实施现场监督检查的，由县级监管部门实施。未设立县的地方，由市级监管部门实施。监管部门接到报告后应当在5个工作日内进行检查。

（三）针对投诉举报的内容，需要实施现场监督检查的，由接到投诉举报的监管部门或者由其通知下级监管部门在5个工作日内派出检查人员进行检查。

第十四条　专项监督检查的项目和内容按照以下要求确定：

（一）重点时段监督检查和专项整治监督检查，检查设备的种类和数量、检查项目和内容，应当按照相应部署的具体要求执行，如无专门明确的，参照日常监督检查的检查项目和内容执行。

（二）对检验、检测机构报告的重大问题或针对投诉举报开展的专项监督检查的检查项目和内容，由实施检查的监管部门根据报告和投诉举报反映的情况确定。

第十五条　特种设备现场安全监督检查实行抽查方式。

其中，专项整治监督检查在市、县级监管部门抽查实施前，应当部署特种设备相关生产、经营和使用单位按照相应检查要求开展自查自纠；重点时段监督检查各级监管部门的相关负责人应当带队参加。

第十六条　特种设备现场监督检查程序主要包括：出示证件、说明来意、现场检查、做出记录、交换检查意见、下达安全监察指令书、采取查封扣押措施等。

第十七条　检查人员在监督检查中，应当遵守相关的安全管理要求，保证自身安全。

第十八条　检查人员有权行使《特种设备安全法》第六十一条规定的如下职权：

（一）进入现场进行检查，向特种设备生产、经营、使用单位主要负责人和其他有关人员调查、了解有关情况；

（二）根据举报或者取得的涉嫌违法证据，查阅、复制特种设备生产、经营、使用单位的有关合同、发票、账簿以及其他有关资料；

（三）对有证据表明不符合安全技术规范要求或者存在严重事故隐患的特种设备实施查封、扣押；

（四）对流入市场的达到报废条件或者已经报废的特种设备实施查封、扣押；

（五）对违反《特种设备安全法》《特种设备安全监察条例》和特种设备地方法规，以及其他特种设备行政规章规定的行为作出行政处罚决定。

被检查单位因故不能提供有关书证材料的，检查人员可以书面通知被检查单位后补。

被检查单位无正当理由拒绝检查人员进入特种设备生产、使用场所检查，对现场监督检查不予配合，拖延、阻碍正常检查，可以认定为拒不接受依法实施的监督检查，应当依据《特种设备安全法》第九十五条的规定予以处罚。

第十九条　检查人员将检查中发现的主要问题、处理措施等信息汇总后，填写《特种设备安全监督检查记录》（附3）。

检查记录应当由被检查单位参加人员和检查人员双方签字。签字前，检查人员应当就检查情况与被检查单位参加人员交换意见。

第二十条　被检查单位拒绝签字的，检查人员可以记录在案；拒绝签收相关执法文书的，可以采取留置、邮寄、公告等方式进行送达。有条件的，可以采取邀请第三方作证、照相、录音、摄像等方式取证。

第二十一条　检查时发现违反《特种设备安全法》和《特种设备安全监察条例》规定

和安全技术规范要求的行为或者特种设备存在事故隐患时，检查人员应当下达《特种设备安全监察指令书》（格式见附4），责令被检查单位立即或者限期采取必要措施予以改正，消除事故隐患。

第二十二条　监管部门的检查人员通过特种设备动态监管信息化系统或者特种设备检验、检测机构的报告，发现特种设备生产、使用单位存在违法、违规行为或者事故隐患的，可以不经过现场监督检查直接下达《特种设备安全监察指令书》。

第二十三条　实施现场安全监督检查中，发现特种设备或其主要部件存在以下情形之一，应当予以查封或者扣押：

（一）在用特种设备存在本规则第十二条第二款规定的情形之一的；

（二）有证据表明生产、经营、使用的特种设备或者其主要部件不符合安全技术规范的要求；

（三）使用经责令整改而未予整改的特种设备；

（四）特种设备发生事故不予报告而继续使用的。

当场能够整改的，可以不予查封、扣押。

在用特种设备因连续性生产工艺及其他客观原因不能实施现场查封、扣押的，可由被检查单位在检查记录上说明情况，注明其间采取的保障安全的措施，暂不实施查封、扣押并履行本规则第二十八条规定职责，待相应设备能够停用后予以查封、扣押。其间发生事故的，由被检查单位承担责任。

第二十四条　对特种设备实施查封或扣押前，检查人员应当事先向本监管部门负责人报告，并取得同意。

第二十五条　查封、扣押的期限不得超过30天。因案情复杂等情况，需要延长查封、扣押期限的，经监管部门负责人批准，可以延长，但是延长期限不得超过30天。

第二十六条　被检查单位在用特种设备存在以下严重事故隐患，经现场报告本监管部门负责人同意，检查人员可以下达《特种设备安全监察指令书》责令使用单位停止使用特种设备：

（一）使用未取得许可生产，未经检验或者检验不合格的特种设备，或者国家明令淘汰、已经报废的特种设备的；

（二）特种设备出现故障或者发生异常情况，未对其进行全面检查、消除事故隐患，继续使用的；

（三）特种设备存在严重事故隐患，无改造、修理价值，或者达到安全技术规范规定的其他报废条件，未依法履行报废义务，并办理使用登记证书注销手续的。

第二十七条　检查提出整改要求的，检查人员应当在被检查单位提交整改报告后5个工作日之内，或者被检查单位未提交整改报告、整改期限届满后3个工作日之内对隐患整改情况进行复查。复查可以通过现场检查、材料核查等形式实施。

复查的现场检查程序按照本章上述规定进行。

第二十八条　监督检查中发现下列情形之一的，需要当地人民政府和有关部门支持、配合的，监管部门应当及时以书面形式报告同级人民政府或者通知有关部门：

（一）拒绝接受检查的违法行为；

（二）被检查单位对严重事故隐患不予整改或者消除的；

（三）出现第二十三条情形但按该条最后一款规定暂不实施查封、扣押的；

（四）存在区域性或者普遍性的严重事故隐患。

发现本条第（四）项情形的，应当及时书面报告上一级监管部门。

接到报告的人民政府和其他有关部门对上述情形依法采取必要措施及时处理时，监管部门应当积极予以配合。

第二十九条　监督检查中发现依法应当撤销、吊销或者暂停许可的违法行为的，实施检查的监管部门应当及时向许可实施机关通报，并附相关证据材料复印件。

第三十条　接到第二十八条、第二十九条报告或通报的监管部门或许可实施机关，应当对所报告的问题及时按照以下规定办理：

（一）对存在区域性或者普遍性严重事故隐患的，接到报告的监管部门应当指导下一级监管部门依法采取相应措施，同时在辖区内组织排查、整治，必要时应当报告上一级监管部门直至质检总局。

（二）对依法应当撤销、吊销或者暂停许可的违法行为，依法启动相应处理程序。

第三十一条　发现被检查单位依法应予以行政处罚的，按照《质量技术监督行政处罚程序规定》办理。其中，撤销、吊销、暂停许可案件由许可实施机关办理，其他立案处罚案件可以移交监管部门专职执法机构承办。

承办特种设备违法案件的机构，负责对隐患整改情况进行复查，必要时可约请相关机构给予配合。

第三十二条　发现被检查单位或者人员涉嫌构成犯罪的，应当按照《行政执法机关移送涉嫌犯罪案件的规定》，移送公安机关调查处理。

第三十三条　检查时发现特种设备检验、检测机构，鉴定评审机构、作业人员考试机构存在违法、违规行为的，应当按照有关规定予以处理。

第三十四条　对特种设备出租单位的监督检查参照使用单位的监督检查规定实施。对特种设备销售和进口单位一般仅安排针对投诉举报开展的专项监督检查。

第三十五条　除本规则所附专用文书外，检查使用的调查笔录、通知书、查封扣押文书、封条、续页、案件移送书、送达回证等其他文书，应采用监管部门统一执法文书。

第三十六条　检查人员应当在检查及整改结束后，将检查信息录入特种设备动态监管信息化系统。

第三十七条　检查收集的资料、制作的各类文书等证据，应当及时立卷存档。

第三十八条　本规则由质检总局负责解释。

第三十九条　本规则自印发之日起施行。2007年质检总局印发的《特种设备现场安全监督检查规则（试行）》和《特种设备重点监控工作要求》（国质检特函〔2007〕910号）同时废止。

第三节　电梯相关安全技术规范

本节介绍《特种设备事故报告和调查处理导则》（TSG 03—2015）、《特种设备作业人员考核规则》（TSG Z6001—2019）、《电梯监督检验和定期检验规则——曳引与强制驱动电梯》（TSG T7001—2009）、《电梯监督检验和定期检验规则——自动扶梯与自动人行道》

(TSG T7005—2012)、《电梯维护保养规则》(TSG T5002—2017)、《特种设备使用管理规则》(TSG 08—2017)。

一、《特种设备事故报告和调查处理导则》的相关规定

《特种设备事故报告和调查处理导则》(TSG 03—2015) 于 2015 年 11 月 20 日由国家质量监督检验检疫总局批准颁布，自 2016 年 6 月 1 日起施行，相关规定摘录如下：

2.1 事故定义

特种设备事故定义按照《特种设备事故报告和调查处理规定》确定。其中，特种设备的不安全状态造成的特种设备事故，是指因特种设备本体或者安全附件、安全保护装置失效或者损坏，具有爆炸、爆燃、泄漏、倾覆、变形、断裂、损伤、坠落、碰撞、剪切、挤压、失控或者故障等特征（现象）的事故。特种设备相关人员的不安全行为造成的特种设备事故，是指与特种设备作业活动相关的行为人违章指挥、违章操作或者操作失误等直接造成人员伤害或者特种设备损坏的事故。

A1.1　事故特征

一般指与导致事故最严重后果所对应的设备失效形式或者致害方式。通常表现为事故特种设备的爆炸、爆燃、泄漏、倾覆、变形、断裂、损伤、坠落、碰撞、剪切、挤压、失控、故障或者受困（滞留）等特征。

A1.5　倾覆

特种设备在安装、改造、维修、使用和试验中，因特种设备主体或者构件的强度、刚度难以承受实际的载荷，发生局部、整体或者基础的失稳、坍塌或者倾覆事故。或者对有整体稳定性要求的特种设备，由于各种原因使得加载于设备上的力矩大于稳定力矩，导致特种设备整体倾倒事故。包含特种设备主体或者构件因载荷等外力影响，发生设备整体或者承载基础的失稳、坍塌的现象。

A1.6　变形

特种设备承载主体或者构件因受外部机械力、热作用，导致形状变化引起失效的现象。变形一般分为弹性变形和塑性变形。

A1.7　断裂

特种设备承载主体及部件因材质劣化或者受力超过强度极限而发生的失效现象。断裂一般分为韧塑性断裂、脆性断裂、疲劳断裂和蠕变断裂等现象。

A1.8　损伤

损伤是指特种设备在外部机械力、介质环境、热作用等单独或者共同作用下，造成的材料性能下降、结构不连续或者承载力下降。

A1.9　坠落

因特种设备本身部件、相关的工件或者失控以及违章操作、操作失误、使用不当等造成物体或者人员由高势能位置非正常落下的现象。

A1.10　碰撞

因特种设备故障或者失控以及违章操作、操作失误、使用不当时，造成的人、运动物体或者固定物相互之间短暂接触发生力作用的过程，如设备与运动或者固定物体相撞，人撞固定物体、运动物体撞人、人与人互撞等现象。

A1.11　剪切

因特种设备失控或者故障以及违章操作、操作失误、使用不当时，人或物体因承受一对相距很近、方向相反的外力作用，发生横截面沿外力方向发生错动变形的现象。

A1.12　挤压

因特种设备故障或者失控以及违章操作、操作失误、使用不当时，人或物体因承受外来压力被推挤压迫在运动物体或者固定物体之间的现象。

A1.13　失控

因特种设备控制系统失灵、安全保护系统功能缺失或者失效，导致设备不能被正常操作的现象。

A1.14　故障

因特种设备本体、部件或者安全装置发生意外，导致设备不能顺利运转，无法实现正常功能的现象。

A1.15　受困（滞留）

因特种设备本体、部件或者安全装置发生故障或者损坏，或者缺乏外部资源的情况下，导致设备停止或者不能顺利运转，人员被困（滞留）在特种设备之中不能出来的现象。

二、《特种设备作业人员考核规则》的相关规定

《特种设备作业人员考核规则》（TSG Z6001—2019）于 2019 年 5 月 27 日由国家市场监督管理总局颁布，自 2019 年 6 月 1 日起施行，相关规定摘录如下：

第二条　本规则适用于国家市场监督管理总局制定发布的《特种设备作业人员资格认定分类与项目》范围内特种设备作业人员（含安全管理人员）资格的考核工作。

…… ……

第三条　特种设备作业人员应当按照本规则的要求，取得《特种设备安全管理和作业人员证》（样式见附件 A）后，方可从事相应的作业活动。

第八条　国家市场监督管理总局负责全国特种设备作业人员考核工作的监督管理，县级以上地方市场监督管理部门负责本行政区域内特种设备作业人员考核工作的监督管理和对考试机构进行监督检查。

第十三条　特种设备作业人员考核程序包括申请、受理、考试和发证。

第十四条　申请人应当符合下列条件：

（一）年龄 18 周岁以上且不超过 60 周岁，并且具有完全民事行为能力；

（二）无妨碍从事作业的疾病和生理缺陷，并且满足申请从事的作业项目对身体条件的要求；

（三）具有初中以上学历，并且满足相应申请作业项目要求的文化程度；

（四）符合相应的考核大纲的专项要求。

第十五条　申请人应当向工作所在地或者户籍（户口或者居住证）所在地的发证机关提交下列申请资料：

（一）《特种设备作业人员资格申请表》（见附件 B，1 份）；

（二）近期 2 寸正面免冠白底彩色照片（2 张）；

（三）身份证明（复印件 1 份）；

（四）学历证明（复印件 1 份）；

（五）体检报告（1 份，相应考试大纲有要求的）。

申请人也可通过发证机关指定的网上报名系统填报申请，并且附前款要求提交的资料的扫描文件（PDF 格式或者 JPG 格式）。

第十六条　发证机关在收到申请后的 5 个工作日内，应当作出是否受理的决定。需要申请人补充材料的，应当一次性告知申请人需要补正的内容。

予以受理的，发证机关应当告知申请人受理结果。申请人持受理结果到发证机关委托的考试机构报名，并按时参加考试。

不予以受理的，发证机关应当告知申请人不予受理结果，并说明原因。

第十七条　考试机构应当于考试前 2 个月公布考试时间、地点、作业项目等事项，需要更改考试时间、地点、作业项目的，应当及时通知已报名的申请人员。

第二十条　特种设备作业人员的考试包括理论知识考试和实际操作技能考试，特种设备安全管理人员只进行理论知识考试。

考试实行百分制，单科成绩达到 70 分为合格；每科均合格，评定为考试合格。

第二十一条　考试成绩有效期 1 年。单项考试科目不合格者，1 年内可以向原考试机构申请补考 1 次。两项均不合格或者补考不合格者，应当向发证机关重新提出考核申请。

第二十二条　考试机构应当在考试结束后的 20 个工作日内公布考试合格人员名单，并将考试结果报送发证机关。申请人向考试机构查询成绩的，考试机构应当告知。

第二十四条　发证机关应当在收到考试结果后的 20 个工作日内完成审批发证工作。

第二十五条　持证人员应当在持证项目有效期届满 1 个月以前，向工作所在地或者户籍（户口或者居住证）所在地的发证机关提出复审申请，并提交下列资料：

（一）《特种设备作业人员资格复审申请表》（见附件 C，1 份）；

（二）《特种设备安全管理和作业人员证》（原件）。

第二十六条　满足下列要求的，复审合格：

（一）年龄不超过 65 周岁；

（二）持证期间，无违章作业、未发生责任事故。

（三）持证期间，《特种设备安全管理和作业人员证》的聘用记录中所从事持证项目的作业时间连续中断未超过 1 年。

第二十八条　发证机关办理复审时，能够当场办理的，应当当场办理完成；需要补正申请材料的，应当一次性告知。复审不合格的，应当说明理由。发证机关应当在 10 个工作日内完成复审工作。

第二十九条　复审不合格、证书有效期逾期未申请复审的持证人员，需要继续从事该项目作业活动的，应当重新申请取证。

第三十四条　《特种设备安全管理和作业人员证》遗失或者损毁的，持证人员应当向发证机关申请补发，并提交身份证明、遗失或者损毁的书面声明及近期 2 寸正面免冠白底彩色照片。原持证项目有效期不变。

第三十五条　申请人对考试结果有异议，可以在考试结果发布后的 1 个月以内向考试机构提出复核要求，考试机构应当在收到复核申请的 20 个工作日以内予以答复；对考试机构答复结果有异议的，申请人向发证机关提出复核要求。

第三十九条　本规则自 2019 年 6 月 1 日起施行，下列安全技术规范和文件同时废止：

（1）《特种设备作业人员考核规则》（TSG Z6001—2013，2013 年 1 月 16 日质检总局颁布，国家市场监督管理总局 2019 年第 8 号公告附件 2 进行修订）；

…… ……

（10）《电梯安全管理人员和作业人员考核大纲》（TSG T6001—2007，2007 年 8 月 8 日质检总局颁布）。

…… ……

本规则施行之前发布的其他与特种设备作业人员考核相关的通知文件等，其要求与本规则不一致的，以本规则为准。

三、《电梯监督检验和定期检验规则——曳引与强制驱动电梯》的相关规定

《电梯监督检验和定期检验规则——曳引与强制驱动电梯》（TSG T7001—2009）由国家质量监督检验检疫总局于 2009 年 12 月 4 日发布，自 2010 年 4 月 1 日起施行。2002 年 1 月 9 日国家质量监督检验检疫总局发布的《电梯监督检验规程》（国质检锅〔2002〕1 号）同时废止。本规则经 2013 年第 1 号修改单、2017 年第 2 号修改单和 2019 年第 3 号修改单修改。相关规定摘录如下：

第二条　本规则适用于电力驱动的曳引式与强制式电梯（防爆电梯、消防员电梯、杂物电梯除外）的安装、改造、重大修理监督检验和定期检验。

前款所述曳引与强制驱动电梯（以下简称电梯）的生产（含电梯的设计、制造、安装、改造、修理、日常维护保养，下同）和使用单位，以及从事电梯监督检验和定期检验的特种设备检验检测机构，应当遵守本规则规定。

第三条　本规则所称监督检验是指由国家市场监督管理总局（以下简称市场监管总局）核准的特种设备检验机构（以下简称检验机构），根据本规则规定，对电梯安装、改造、重大修理过程进行的监督检验（以下简称监督检验）；本规则所称定期检验是指检验机构根据本规则规定，对在用电梯定期进行的检验。

监督检验和定期检验（以下统称检验）是对电梯生产和使用单位执行相关法规标准规定、落实安全责任，开展为保证和自主确认电梯安全的相关工作质量情况的查证性检验。电梯生产单位的自检记录或者报告中的结论，是对设备安全状况的综合判定；检验机构出具检验报告中的检验结论，是对电梯生产和使用单位落实相关责任、自主确定设备安全等工作质量的判定。

第五条　实施电梯安装、改造或者重大修理的施工单位（以下简称施工单位）应当在按照规定履行告知后、开始施工前（不包括设备开箱、现场勘测等准备工作），向检验机构申请监督检验；电梯使用单位应当在电梯使用标志所标注的下次检验日期届满前 1 个月，向检验机构申请定期检验。

第六条　施工单位应当按照设计文件和标准的要求，对电梯机房（或者机器设备间）、井道、底坑等涉及电梯施工的土建工程进行检查，对电梯制造质量（包括零部件和安全保护装置等）进行确认，并且做好记录，符合要求后方可以进行电梯施工。

施工单位或者维护保养单位应当按照相关安全技术规范和标准的要求，保证施工或者日常维护保养质量，真实、准确地填写施工或者日常维护保养的相关记录或者报告，对施工或

者日常维护保养质量以及提供的相关文件、资料的真实性及其与实物的一致性负责。

第七条　施工单位、维护保养单位和使用单位应当向检验机构提供符合附件 A［对于斜行电梯（包括斜行曳引驱动与强制驱动电梯）为附件 E，下同］要求的有关文件、资料，安排相关的专业人员配合检验机构实施检验。其中，施工自检报告、日常维护保养年度自行检查记录或者报告还须另行提交复印件备存。

第八条　检验机构应当在施工单位自检合格的基础上实施监督检验，在维护保养单位自检合格的基础上实施定期检验。实施监督检验和定期检验，应当遵守以下规定：

（一）对于电梯安装过程，按照附件 A 规定的检验内容、要求和方法，对附件 B 所列项目进行检验；

（二）对于电梯改造和重大修理过程，除对改造和重大修理涉及的附件 B 中所列的项目进行检验之外，还需对附件 C 所列项目（前述改造和重大修理涉及的项目除外）进行检验，检验的内容、要求和方法按照附件 A 的规定；

（三）对于在用电梯，按照附件 A 规定的检验内容、要求和方法，对附件 C 所列项目每年进行 1 次定期检验；

（四）对于在 1 个检验周期内特种设备安全监察机构接到故障实名举报达到 3 次以上（含 3 次）的电梯，并且经确认上述故障的存在影响电梯运行安全时，特种设备安全监察机构可以要求提前进行维护保养单位的年度自行检查和定期检验；

（五）对于由于发生自然灾害或者设备事故而使其安全技术性能受到影响的电梯以及停止使用 1 年以上的电梯，再次使用前，应当按照本条第（三）项的规定进行检验。但如果对电梯实施改造或者重大修理，应当按照本条第（二）项的规定进行检验。

第九条　电梯检验项目分为 A、B、C 三个类别。各类别检验程序如下：

（一）A 类项目，检验机构按照附件 A 的相应规定，对提供的文件、资料进行审查，对该类项目进行检验，并与自检记录或者报告对应项目的检验结果（以下简称自检结果）进行对比，按照第二十条的规定对项目的检验结论做出判定；不经检验机构审查、检验，或者审查、检验结论为不合格，施工单位不得进行下道工序的施工。

（二）B 类项目，检验机构按照附件 A 的相应规定，对提供的文件、资料进行审查，对该类项目进行检验，并与自检结果进行对比，按照第二十条的规定对项目的检验结论做出判定。

（三）C 类项目，检验机构按照附件 A 的相应规定，对提供的文件、资料进行审查，认为自检记录或者报告等文件和资料完整、有效，对自检结果无质疑（以下简称资料审查无质疑），可以确认为合格；如果文件和资料欠缺、无效或者对自检结果有质疑（以下简称资料审查有质疑），应当按照附件 A 规定的检验方法，对该类项目进行检验，并与自检结果进行对比，按照第二十条的规定对项目的检验结论做出判定。

各检验项目的类别见附件 A、附件 B、附件 C，具体的检验方法见附件 A。

第十五条　对电梯整机进行检验时，检验现场应当具备以下检验条件：

（一）机房或者机器设备间的空气温度保持在 5~40 ℃；

（二）电源输入电压波动在额定电压值±7%的范围内；

（三）环境空气中没有腐蚀性和易燃性气体及导电尘埃；

（四）检验现场（主要指机房或者机器设备间、井道、轿顶、底坑）清洁，没有与电梯工作无关的物品和设备，基站、相关层站等检验现场放置表明正在进行检验的警示牌；

（五）对井道进行了必要的封闭。

特殊情况下，电梯设计文件对温度、湿度、电压、环境空气条件等进行了专门规定的，检验现场的温度、湿度、电压、环境空气条件等应当符合电梯设计文件的规定。

对于不具备现场检验条件的电梯，或者继续检验可能造成危险，检验人员可以中止检验，但必须向受检单位书面说明原因。

第十七条　检验过程中，如果发现下列情况，检验机构应当在现场检验结束时，向受检单位或者维护保养单位出具《特种设备检验意见通知书》（见附件 D，以下简称《通知书》），提出整改要求：

（一）施工或者维护保养单位的施工过程记录或者日常维护保养记录不完整；

（二）电梯存在不合格项目；

（三）要求测试数据项目的检验结果与自检结果存在多处较大偏差，或者其他项目的自检结果与实物状态不一致，质疑相应单位自检能力时；

（四）使用单位存在不符合电梯相关法规、规章、安全技术规范的问题。

定期检验时，对于存在不合格项目但不属于按照本规则第二十一条规定直接判定为不合格的电梯，《通知书》中应当要求使用单位在整改完成前及时采取安全措施，对该电梯进行监护使用。

受检单位或者维护保养单位应当按照《通知书》的要求及时整改，并且在规定的时限内向检验机构提交填写了处理结果的《通知书》以及整改报告等见证资料。

检验人员应当对整改情况进行确认，可以根据情况采取现场验证或者查看填写了处理结果的《通知书》以及整改报告等见证资料的方式，确认其是否符合要求。

对于定期检验的电梯，如果使用单位拟实施改造或重大修理进行整改，或者拟做停用、报废处理，则应当在《通知书》上签署相应的意见，并且在规定的时限内反馈给检验机构，同时按照相关规定，办理对应的相关手续。

第二十一条　监督检验和定期检验的合格判定条件如下：

（一）安装监督检验，检验项目全部合格，并且经检验人员确认相关单位已经针对第十七条第（一）（三）（四）项所述问题进行了有效整改。

（二）改造或者重大修理监督检验，检验项目全部合格，或者改造和重大修理涉及的相关检验项目全部合格，对于按照定期检验规定进行的项目，除了上次定期检验后使用单位采取安全措施进行监护使用的 C 类项目之外（使用单位继续对这些项目采取安全措施，在《通知书》上签署了监护使用的意见），其他项目全部合格，并且经检验人员确认相关单位已经针对第十七条第（一）（三）（四）项所述问题进行了有效整改。

（三）定期检验，检验项目全部合格，或者 B 类检验项目全部合格，C 类检验项目应整改项目不超过 5 项（含 5 项），相关单位已在《通知书》规定的时限内向检验机构提交填写了处理结果的《通知书》以及整改报告等见证资料，使用单位已经对上述应整改项目采取了相应的安全措施，在《通知书》上签署了监护使用的意见，并且经检验人员确认相关单位已经针对第十七条第（一）（三）（四）项所述问题进行了有效整改。

附件 A 中对技术资料审查内容和要求的规定摘录如下：

1.1　制造资料

电梯制造单位提供了以下用中文描述的出厂随机文件：

（1）制造许可证明文件，许可范围能够覆盖受检电梯的相应参数；

（2）电梯整机型式试验证书，其参数范围和配置表适用于受检电梯；

（3）产品质量证明文件，注有制造许可证明文件编号、产品编号、主要技术参数，限速器、安全钳、缓冲器、含有电子元件的安全电路（如果有）、可编程电子安全相关系统（如果有）、轿厢上行超速保护装置（如果有）、轿厢意外移动保护装置、驱动主机、控制柜的型号和编号，门锁装置、层门和玻璃轿门（如果有）的型号，以及悬挂装置的名称、型号、主要参数（如直径、数量），并且有电梯整机制造单位的公章或者检验专用章以及制造日期；

（4）门锁装置、限速器、安全钳、缓冲器、含有电子元件的安全电路（如果有）、可编程电子安全相关系统（如果有）、轿厢上行超速保护装置（如果有）、轿厢意外移动保护装置、驱动主机、控制柜、层门和玻璃轿门（如果有）的型式试验证书，以及限速器和渐进式安全钳的调试证书；

（5）电气原理图，包括动力电路和连接电气安全装置的电路；

（6）安装使用维护说明书，包括安装、使用、日常维护保养和应急救援等方面操作说明的内容。

注 A-1：上述文件如为复印件则必须经电梯整机制造单位加盖公章或者检验专用章；对于进口电梯，则应当加盖国内代理商的公章。

该项资料应在电梯安装施工前审查。

1.2 安装资料

安装单位提供了以下安装资料：

（1）安装许可证和安装告知书，许可范围能够覆盖受检电梯的相应参数；

（2）施工方案，审批手续齐全；

（3）用于安装该电梯的机房（机器设备间）、井道的布置图或者土建工程勘测图，有安装单位确认符合要求的声明和公章或者检验专用章，表明其通道、通道门、井道顶部空间、底坑空间、楼层间距、井道内防护、安全距离、井道下方人可以到达的空间等满足安全要求；

（4）施工过程记录和由整机制造单位出具或者确认的自检报告，检查和试验项目齐全、内容完整，施工和验收手续齐全；

（5）变更设计证明文件（如安装中变更设计时），履行了由使用单位提出、经整机制造单位同意的程序；

（6）安装质量证明文件，包括电梯安装合同编号、安装单位安装许可证编号、产品出厂编号、主要技术参数等内容，并且有安装单位公章或者检验专用章以及竣工日期。

注 A-2：上述文件如为复印件则必须经安装单位加盖公章或者检验专用章。

审查相应资料。（1）~（3）在报检时审查，（3）在其他项目检验时还应当审查；（4）（5）在试验时审查；（6）在竣工后审查。

1.3 改造、重大修理资料

改造或者重大修理单位提供了以下改造或者重大修理资料：

（1）改造或者修理许可证和改造或者重大修理告知书，许可范围能够覆盖受检电梯的相应参数；

（2）改造或者重大修理的清单以及施工方案，施工方案的审批手续齐全；

（3）加装或者更换的安全保护装置或者主要部件产品质量证明文件、型式试验证书以及限速器和渐进式安全钳的调试证书（如发生更换）；

（4）拟加装的自动救援操作装置、能量回馈节能装置、IC卡系统的下述资料（属于重大修理时）：

①加装方案（含电气原理图和接线图）；

②产品质量证明文件，标明产品型号、产品编号、主要技术参数，并且有产品制造单位的公章或者检验专用章以及制造日期；

③安装使用维护说明书，包括安装、使用、日常维护保养以及与应急救援操作方面有关的说明；

（5）施工现场作业人员持有的特种设备作业人员证；

（6）施工过程记录和自检报告，检查和试验项目齐全、内容完整，施工和验收手续齐全；

（7）改造后的整梯合格证或者重大修理质量证明文件，合格证或者证明文件中包括电梯的改造或者重大修理合同编号、改造或者重大修理单位的资格证编号、电梯使用登记编号、主要技术参数等内容，并且有改造或者重大修理单位的公章或者检验专用章以及竣工日期。

注A-3：上述文件如为复印件则必须经改造或者重大修理单位加盖公章或者检验专用章审查相应资料。

审查相应资料。（1）~（5）在报检时审查，（5）在其他项目检验时还应当审查；（6）在试验时审查；（7）在竣工后审查。

1.4 使用资料

使用单位提供了以下资料：

（1）使用登记资料，内容与实物相符；

（2）安全技术档案，至少包括1.1、1.2、1.3所述文件资料［1.3（5）除外］，以及监督检验报告、定期检验报告、日常检查与使用状况记录、日常维护保养记录、年度自行检查记录或者报告、应急救援演习记录、运行故障和事故记录等，保存完好（本规则实施前已经完成安装、改造或重大修理的，1.1、1.2、1.3所述文件资料如有缺陷，应当由使用单位联系相关单位予以完善，可不作为本项审核结论的否决内容）；

（3）以岗位责任制为核心的电梯运行管理规章制度，包括事故与故障的应急措施和救援预案、电梯钥匙使用管理制度等；

（4）与取得相应资格单位签订的日常维护保养合同；

（5）按照规定配备的电梯安全管理和作业人员的特种设备作业人员证。

定期检验和改造、重大修理过程的监督检验时审查。新安装电梯的监督检验进行试验时查验（3）（4）（5），以及（2）中所需记录表格制定情况［如试验时使用单位尚未确定，应当由安装单位提供（2）（3）（4）查验内容范本，（5）相应要求交接备忘录］。

四、《电梯监督检验和定期检验规则——自动扶梯与自动人行道》的相关规定

《电梯监督检验和定期检验规则——自动扶梯与自动人行道》（TSG T7005—2012）由国

家质量监督检验检疫总局发布，自2012年7月1日起施行。2002年12月13日国家质量监督检验检疫总局发布的《自动扶梯与自动人行道监督检验规程》（国质检锅〔2002〕360号）同时废止。本规则经2013年第1号修改单、2017年第2号修改单和2019年第3号修改单修改。相关规定摘录如下：

第二条　本规则适用于自动扶梯与自动人行道的安装、改造、重大修理监督检验和定期检验。

前款所述自动扶梯与自动人行道的生产（含自动扶梯与自动人行道的设计、制造、安装、改造、修理、日常维护保养，下同）和使用单位，以及从事自动扶梯与自动人行道监督检验和定期检验的特种设备检验机构，应当遵守本规则规定。

第三条　本规则所称监督检验是指由国家市场监督管理总局（以下简称市场监管总局）核准的特种设备检验机构（以下简称检验机构），根据本规则规定，对自动扶梯与自动人行道安装、改造、重大修理过程进行的监督检验（以下简称监督检验）；本规则所称定期检验是指检验机构根据本规则规定，对在用自动扶梯与自动人行道定期进行的检验。

监督检验和定期检验（以下统称检验）是对自动扶梯与自动人行道生产和使用单位执行相关法规标准规定、落实安全责任，开展为保证和自主确认自动扶梯与自动人行道安全的相关工作质量情况的查证性检验。自动扶梯与自动人行道生产单位的自检记录或者报告中的结论，是对设备安全状况的综合判定；检验机构出具检验报告中的检验结论，是对自动扶梯与自动人行道生产和使用单位落实相关责任、自主确定设备安全等工作质量的判定。

第五条　实施自动扶梯与自动人行道安装、改造或者重大修理的施工单位（以下简称施工单位）应当在按照规定履行告知后、开始施工前（不包括设备开箱、现场勘测等准备工作），向检验机构申请监督检验；自动扶梯与自动人行道使用单位应当在电梯使用标志所标注的下次检验日期届满前1个月，向检验机构申请定期检验。

第六条　施工单位应当按照设计文件和标准的要求，对自动扶梯与自动人行道机房和转向站等涉及自动扶梯与自动人行道施工的土建工程进行检查，对自动扶梯与自动人行道制造质量（包括零部件和安全保护装置等）进行确认，并且做好记录，符合要求后方可以进行自动扶梯与自动人行道施工。

施工单位或者维护保养单位应当按照相关安全技术规范和标准的要求，保证施工或者日常修理保养质量，真实、准确地填写施工或者日常维护保养的相关记录或者报告，对施工或者日常维护保养质量以及提供的相关文件、资料的真实性及其与实物的一致性负责。

第七条　施工单位、维护保养单位和使用单位应当向检验机构提供符合附件A要求的有关文件、资料，安排相关的专业人员配合检验机构实施检验。其中，施工自检报告、日常维护保养年度自行检查记录或者报告还须另行提交复印件备存。

第八条　检验机构应当在施工单位自检合格的基础上实施监督检验，在维护保养单位自检合格的基础上实施定期检验。实施监督检验和定期检验，应当遵守以下规定：

（一）对于自动扶梯与自动人行道安装过程，按照附件A规定的检验内容、要求和方法，对附件B所列项目进行检验；

（二）对于自动扶梯与自动人行道改造和重大修理过程，除对改造和重大修理涉及的附件B中所列的项目进行检验之外，还需对附件C所列项目（前述改造和重大修理涉及的项目除外）进行检验，检验的内容、要求和方法按照附件A的规定；

（三）对于在用自动扶梯与自动人行道，按照附件 A 规定的检验内容、要求和方法，对附件 C 所列项目每年进行 1 次定期检验；

（四）对于在 1 个检验周期内特种设备安全监察机构接到故障实名举报达到 3 次以上（含 3 次）的自动扶梯与自动人行道，并且经确认上述故障的存在影响自动扶梯与自动人行道运行安全时，特种设备安全监察机构可以要求提前进行修理保养单位的年度自行检查和定期检验；

（五）对于由于发生自然灾害或者设备事故而使其安全技术性能受到影响的自动扶梯与自动人行道以及停止使用 1 年以上的自动扶梯与自动人行道，再次使用前，应当按照本条第（三）项的规定进行检验。但如果对自动扶梯与自动人行道实施改造或者重大修理，应当按照本条第（二）项的规定进行检验。

第九条　自动扶梯与自动人行道检验项目分为 A、B、C 三个类别。各类别检验程序如下：

（一）A 类项目，检验机构按照附件 A 的相应规定，对提供的文件、资料进行审查，对该类项目进行检验，并与自检记录或者报告对应项目的检验结果（以下简称自检结果）进行对比，按照第二十条的规定对项目的检验结论做出判定；不经检验机构审查、检验，或者审查、检验结论为不合格，施工单位不得进行下道工序的施工；

（二）B 类项目，检验机构按照附件 A 的相应规定，对提供的文件、资料进行审查，对该类项目进行检验，并与自检结果进行对比，按照第二十条的规定对项目的检验结论做出判定；

（三）C 类项目，检验机构按照附件 A 的相应规定，对提供的文件、资料进行审查，认为自检记录或者报告等文件和资料完整、有效，对自检结果无质疑（以下简称资料审查无质疑），可以确认为合格；如果文件和资料欠缺、无效或者对自检结果有质疑（以下简称资料审查有质疑），应当按照附件 A 规定的检验方法，对该类项目进行检验，并与自检结果进行对比，按照第二十条的规定对项目的检验结论做出判定。

各检验项目的类别见附件 A、附件 B、附件 C，具体的检验方法见附件 A。

第十五条　对自动扶梯与自动人行道整机进行检验时，检验现场应放置表明正在进行检验的警示标识，并在出入口设置围栏。

特殊情况下，自动扶梯与自动人行道设计文件对温度、湿度、电压、环境空气条件等进行了专门规定的，检验现场的温度、湿度、电压、环境空气条件等应当符合自动扶梯与自动人行道设计文件的规定。

对于不具备现场检验条件的自动扶梯与自动人行道，或者继续检验可能造成危险，检验人员可以中止检验，但必须向受检单位书面说明原因。

第十七条　检验过程中，如果发现下列情况，检验机构应当在现场检验结束时，向受检单位或者维护保养单位出具《特种设备检验意见通知书》（见附件 D，以下简称《通知书》），提出整改要求：

（一）施工或者维护保养单位的施工过程记录或者日常维护保养记录不完整；

（二）自动扶梯与自动人行道存在不合格项目；

（三）要求测试数据项目的检验结果与自检结果存在多处较大偏差，质疑相应单位自检能力时；

（四）使用单位存在不符合电梯相关法规、规章、安全技术规范的问题。

定期检验时，对于存在不合格项目但不属于按照本规则第二十条规定直接判定为不合格的自动扶梯与自动人行道，《通知书》中应当要求使用单位在整改完成前及时采取安全措施，对该自动扶梯与自动人行道进行监护使用。

受检单位或者维护保养单位应当按照《通知书》的要求及时整改，并且在规定的时限内向检验机构提交填写了处理结果的《通知书》以及整改报告等见证资料。

检验人员应当对整改情况进行确认，可以根据情况采取现场验证或者查看填写了处理结果的《通知书》以及整改报告等见证资料的方式，确认其是否符合要求。

对于定期检验的自动扶梯与自动人行道，如果使用单位拟实施改造或重大修理进行整改，或者拟做停用、报废处理，则应当在《通知书》上签署相应的意见，并且在规定的时限内反馈给检验机构，同时按照相关规定，办理对应的相关手续。

第二十一条　监督检验和定期检验的合格判定条件如下：

（一）安装监督检验，检验项目全部合格，并且经检验人员确认相关单位已经针对第十七条第（一）（三）（四）项所述问题进行了有效整改；

（二）改造或者重大修理监督检验，检验项目全部合格，或者改造和重大修理涉及的相关检验项目全部合格，对于按照定期检验规定进行的项目，除了上次定期检验后使用单位采取安全措施进行监护使用的 C 类项目之外（使用单位继续对这些项目采取安全措施，在《通知书》上签署了监护使用的意见），其他项目全部合格，并且经检验人员确认相关单位已经针对第十七条第（一）（三）（四）项所述问题进行了有效整改；

（三）定期检验，检验项目全部合格，或者 B 类检验项目全部合格，C 类检验项目应整改项目不超过 3 项（含 3 项），相关单位已在《通知书》规定的时限内向检验机构提交填写了处理结果的《通知书》以及整改报告等见证资料，使用单位已经对上述应整改项目采取了相应的安全措施，在《通知书》上签署了监护使用的意见，并且经检验人员确认相关单位已经针对第十七条第（一）（三）（四）项所述问题进行了有效整改。

第二十二条　经检验，凡不符合本规则第二十一条规定的合格判定条件的自动扶梯与自动人行道，应当判定为“不合格”，检验机构应当按照第十八条规定的时限等要求出具检验报告。对于检验结论为不合格的自动扶梯与自动人行道，受检单位组织相应整改或者修理后可以申请复检。

第二十四条　对于判定为“不合格”或者“复检不合格”的自动扶梯与自动人行道、未执行《通知书》提出的整改要求并且已经超过电梯使用标志所标注的下次检验日期的自动扶梯与自动人行道，检验机构应当将检验结果、检验结论及有关情况报告负责设备使用登记的特种设备安全监察机构；对于定期检验判定为“不合格”的自动扶梯与自动人行道，检验机构还应当告知使用单位立即停止使用。

附件 A 中对技术资料审查内容和要求的规定摘录如下：

1.1　制造资料

自动扶梯和自动人行道制造单位应提供以下用中文描述的出厂随机文件：

（1）制造许可证明文件，许可范围能够覆盖受检自动扶梯与自动人行道的相应参数；

（2）自动扶梯或者自动人行道整机型式试验证书，其参数范围和配置表适用于受检自动扶梯或者自动人行道；

（3）产品质量证明文件，注有制造许可证明文件编号、产品编号、主要技术参数，含有电子元件的安全电路（如果有）、可编程电子安全相关系统（如果有）、驱动主机、控制柜的型号和编号，以及梯级或者踏板等承载面板、梯级（踏板）链的型号，并且在证明文件上有自动扶梯与自动人行道整机制造单位的公章或者检验专用章以及制造日期；

（4）含有电子元件的安全电路（如果有）、可编程电子安全相关系统（如果有）、梯级或者踏板等承载面板、驱动主机、控制柜、梯级（踏板）链的型式试验证书；对于玻璃护壁板，还应当提供采用了钢化玻璃的证明；

（5）电气原理图，包括动力电路和连接电气安全装置的电路；

（6）安装使用维护说明书，包括安装、使用、日常维护保养和应急救援等方面操作说明的内容。

注 A-1：上述文件如为复印件则应当经整机制造单位加盖公章或者检验专用章；对于进口自动扶梯和自动人行道，则应当加盖国内代理商的公章。

该资料审查应在安装施工前进行。

1.2 安装资料

安装单位提供了以下安装资料：

（1）安装许可证和安装告知书，许可范围能够覆盖受检自动扶梯与自动人行道的相应参数；

（2）施工方案，审批手续齐全；

（3）用于安装该自动扶梯或者自动人行道的驱动站、转向站及总体布置图或者土建工程勘测图，有安装单位确认符合要求的声明和公章或者检验专用章，表明其出入口、高度等满足安全要求；

（4）施工过程记录和由整机制造单位出具或者确认的自检报告，检查和试验项目齐全、内容完整、真实准确，施工和验收手续齐全；

（5）变更设计证明文件（如安装中变更设计时），履行了由使用单位提出、经整机制造单位同意的程序；

（6）安装质量证明文件，包括自动扶梯与自动人行道安装合同编号、安装单位安装许可证编号、产品出厂编号、主要技术参数等内容，并且有安装单位公章或者检验专用章以及竣工日期。

注 A-2：上述文件如为复印件则应当经安装单位加盖公章或者检验专用章。

审查相应资料。（1）~（3）在报检时审查，（3）在其他项目检验时还应当审查；（4）（5）在试验时审查；（6）在竣工后审查。

1.3 改造、重大修理资料

改造或者重大修理单位应提供以下改造或者重大修理资料：

（1）改造或者修理许可证和改造或者重大修理告知书，许可范围能够覆盖受检自动扶梯和自动人行道的相应参数；

（2）改造或者重大修理的清单以及施工方案，施工方案的审批手续齐全；

（3）加装或者更换的安全保护装置或者主要部件产品质量证明文件、型式试验证书；

（4）施工现场作业人员持有的特种设备作业人员证；

（5）施工过程记录和自检报告，检查和试验项目齐全、内容完整、真实准确，施工和验收手续齐全；自检报告经审核人员签字和施工单位盖章；

（6）改造后的整梯合格证或者重大修理质量证明文件，包括自动扶梯或自动人行道的改造或者重大修理合同编号、改造或者重大修理单位的施工许可证编号、自动扶梯与自动人行道使用登记编号、主要技术参数等内容，并且有改造或者重大修理单位的公章或者检验专用章以及竣工日期。

注 A-3：上述文件如为复印件则应当经改造或者重大修理单位加盖公章或者检验专用章。

审查相应资料。（1）～（4）在报检时审查，（4）在其他项目检验时还应查验；（5）在试验时查验；（6）在竣工后审查。

1.4 使用资料

使用单位应提供以下资料：

（1）使用登记资料，内容与实物相符；

（2）安全技术档案，至少包括 1.1、1.2、1.3 项所述文件资料［1.3 的（5）项除外］，以及监督检验报告、定期检验报告、日常检查与使用状况记录、日常维护保养记录、年度自行检查记录或者报告、运行故障和事故记录等，保存完好（本规则实施前已经完成安装、改造或重大修理的，1.1、1.2、1.3 项所述文件资料如有缺陷，应当由使用单位联系相关单位予以完善，可不作为本项审核结论的否决内容）；

（3）以岗位责任制为核心的自动扶梯与自动人行道运行管理规章制度，包括事故与故障的应急措施和救援预案等；

（4）与取得相应资格单位签订的日常维护保养合同；

（5）按照规定配备的电梯安全管理人员的特种设备作业人员证。

定期检验和改造、重大修理过程的监督检验时审查（1）～（5）；新安装自动扶梯或者自动人行道的监督检验进行试验时查验（3）（4）（5），以及（2）中所需记录表格制定情况［如试验时使用单位尚未确定，应当由安装单位提供（2）（3）（4）审查内容范本，（5）相应要求交接备忘录］。

五、《电梯维护保养规则》的相关规定

《电梯维护保养规则》（TSG T5002—2017）由国家质量监督检验检疫总局发布，自 2017 年 8 月 1 日起施行。相关规定摘录如下：

第二条　本规则适用于《特种设备目录》范围内电梯的日常维护保养（以下简称维保）工作。

…… ……

第三条　本规则是对电梯维保工作的基本要求，相关单位应当根据科学技术的发展和实际情况，制定不低于本规则并且适用于所维保电梯的工作要求，以保证所维保电梯的安全性能。

第四条　电梯维保单位应当在依法取得相应的许可后，方可从事电梯的维保工作。

第五条　维保单位应当履行下列职责：

（一）按照本规则、有关安全技术规范以及电梯产品安装使用维护说明书的要求，制定维保计划与方案；

（二）按照本规则和维保方案实施电梯维保，维保期间落实现场安全防护措施，保证作业安全；

（三）制定应急措施和救援预案，每半年至少针对本单位维保的不同类别（类型）电梯进行一次应急演练；

（四）设立 24 小时维保值班电话，保证接到故障通知后及时予以排除；接到电梯困人故障报告后，维保人员及时抵达所维保电梯所在地实施现场救援，直辖市或者设区的市抵达时间不超过 30 分钟，其他地区一般不超过 1 小时；

（五）对电梯发生的故障等情况，及时进行详细的记录；

（六）建立每台电梯的维保记录，及时归入电梯技术档案，并且至少保存 4 年；

（七）协助电梯使用单位制定电梯安全管理制度和应急救援预案；

（八）对承担维保的作业人员进行安全教育与培训，按照特种设备作业人员考核要求，组织取得相应的《特种设备作业人员证》，培训和考核记录存档备查；

（九）每年度至少进行一次自行检查，自行检查在特种设备检验机构进行定期检验之前进行，自行检查项目及其内容根据使用状况决定，但是不少于本规则年度维保和电梯定期检验规定的项目及其内容，并且向使用单位出具有自行检查和审核人员的签字、加盖维保单位公章或者其他专用章的自行检查记录或者报告；

（十）安排维保人员配合特种设备检验机构进行电梯的定期检验；

（十一）在维保过程中，发现事故隐患及时告知使用单位；发现严重事故隐患，及时向当地特种设备安全监督管理部门报告。

第六条　电梯的维保项目分为半月、季度、半年、年度等四类，各类维保的基本项目（内容）和要求分别见附件 A 至附件 D。维保单位应当依据各附件的要求，按照安装使用维护说明书的规定，并且根据所保养电梯使用的特点，制定合理的维保计划与方案，对电梯进行清洁、润滑、检查、调整，更换不符合要求的易损件，使电梯达到安全要求，保证电梯能够正常运行。

现场维保时，如果发现电梯存在的问题需要通过增加维保项目（内容）予以解决的，维保单位应当相应增加并且及时修订维保计划与方案。

当通过维保或者自行检查，发现电梯仅依据合同规定的维保内容已经不能保证安全运行，需要改造、修理（包括更换零部件）、更新电梯时，维保单位应当书面告知使用单位。

第七条　维保单位进行电梯维保，应当进行记录。记录至少包括以下内容：

（一）电梯的基本情况和技术参数，包括整机制造、安装、改造、重大修理单位名称，电梯品种（型式），产品编号，设备代码，电梯型号或者改造后的型号，电梯基本技术参数（内容见第八条）；

（二）使用单位、使用地点、使用单位内编号；

（三）维保单位、维保日期、维保人员（签字）；

（四）维保的项目（内容），进行的维保工作，达到的要求，发生调整、更换易损件等工作时的详细记载。

维保记录应当经使用单位安全管理人员签字确认。

第八条　维保记录中的电梯基本技术参数主要包括以下内容：

（一）曳引与强制驱动电梯（包括曳引驱动乘客电梯、曳引驱动载货电梯、强制驱动载货电梯)，为驱动方式、额定载重量、额定速度、层站门数；

（二）液压驱动电梯（包括液压乘客电梯、液压载货电梯)，为额定载重量、额定速度、层站门数、油缸数量、顶升型式；

（三）杂物电梯，为驱动方式、额定载重量、额定速度、层站门数；

（四）自动扶梯与自动人行道（包括自动扶梯、自动人行道)，为倾斜角、名义速度、提升高度、名义宽度、主机功率、使用区段长度（自动人行道)。

第九条　维保单位的质量检验（查）人员或者管理人员应当对电梯的维保质量进行不定期检查，并且进行记录。

第十条　采用信息化技术实现无纸化电梯维保记录的，其维保记录格式、内容和要求应当满足相关法律、法规和安全技术规范的要求。使用无纸化电梯维保记录系统的，其数据在保存过程中不得有任何程度和任何形式的更改，确保储存数据的公正、客观和安全，并可实时进行查询。

第十一条　本规则下列用语的含义是：

维护保养，是指电梯进行的清洁、润滑、调整、更换易损件和检查等日常维护与保养性工作。其中清洁、润滑不包括部件的解体，调整和更换易损件不会改变任何电梯的性能参数。

附件 A　曳引与强制驱动电梯维护保养项目（内容）和要求

A1　半月维护保养项目（内容）和要求

半月维护保养项目（内容）和要求见表 A-1。

表 A-1　半月维护保养项目（内容）和要求

维护保养项目（内容）	维护保养基本要求
机房、滑轮间环境	清洁，门窗完好，照明正常
手动紧急操作装置	齐全，在指定位置
驱动主机	运行时无异常振动和异常声响
制动器各销轴部位	动作灵活
制动器间隙	打开时制动衬与制动轮不应发生摩擦，间隙值符合制造单位要求
制动器作为轿厢意外移动保护装置制停子系统时的自监测	制动力人工方式检测符合使用维护说明书要求，制动力自监测系统有记录
编码器	清洁，安装牢固
限速器各销轴部位	润滑，转动灵活；电气开关正常
层门和轿门旁路装置	工作正常
紧急电动运行	工作正常
轿顶	清洁，防护栏安全可靠
轿顶检修开关、停止装置	工作正常

续表

维护保养项目（内容）	维护保养基本要求
导靴上油杯	吸油毛毡齐全，油量适宜，油杯无泄漏
对重/平衡重块及其压板	对重/平衡重块无松动，压板紧固
井道照明	齐全、正常
轿厢照明、风扇、应急照明	工作正常
轿厢检修开关、停止装置	工作正常
轿内报警装置、对讲系统	工作正常
轿内显示、指令按钮、IC 卡系统	齐全，有效
轿门防撞击保护装置（安全触板，光幕、光电等）	功能有效
轿门门锁电气触点	清洁，触点接触良好，接线可靠
轿门运行	开启和关闭工作正常
轿厢平层准确度	符合标准值
层站召唤、层楼显示	齐全，有效
层门地坎	清洁
层门自动关门装置	正常
层门门锁自动复位	用层门钥匙打开手动开锁装置释放后，层门门锁能自动复位
层门门锁电气触点	清洁，触点接触良好，接线可靠
层门锁紧元件啮合长度	不小于 7 mm
底坑环境	清洁，无渗水、积水，照明正常
底坑急停装置	工作正常

A2　季度维护保养项目（内容）和要求

季度维护保养项目（内容）和要求除符合 A1 半月维护保养的项目（内容）和要求外，还应当符合表 A-2 的项目（内容）和要求。

表 A-2　　季度维护保养项目（内容）和要求

维护保养项目（内容）	维护保养基本要求
减速机润滑油	油量适宜，除蜗杆伸出端外均无渗漏
制动衬	清洁，磨损量不超过制造单位要求
编码器	工作正常
选层器动静触点	清洁，无烧蚀
曳引轮槽、悬挂装置	清洁，钢丝绳无严重油腻，张力均匀，符合制造单位要求

续表

维护保养项目（内容）	维护保养基本要求
限速器轮槽、限速器钢丝绳	清洁，无严重油腻
靴衬、滚轮	清洁，磨损量不超过制造单位要求
验证轿门关闭的电气安全装置	工作正常
层门、轿门系统中传动钢丝绳、链条、传动带	按照制造单位要求进行清洁、调整
层门门导靴	磨损量不超过制造单位要求
消防开关	工作正常，功能有效
耗能缓冲器	电气安全装置功能有效，油量适宜，柱塞无锈蚀
限速器张紧轮装置和电气安全装置	工作正常

A3　半年维护保养项目（内容）和要求

半年维护保养项目（内容）和要求除符合 A2 季度维护保养的项目（内容）和要求外，还应当符合表 A-3 的项目（内容）和要求。

表 A-3　　半年维护保养项目（内容）和要求

维护保养项目（内容）	维护保养基本要求
电动机与减速机联轴器	连接无松动，弹性元件外观良好，无老化等现象
驱动轮、导向轮轴承部	无异常声响，无振动，润滑良好
曳引轮槽	磨损量不超过制造单位规定
制动器动作状态监测装置	工作正常，制动器动作可靠
控制柜内各接线端子	各接线紧固、整齐，线号齐全清晰
控制柜各仪表	显示正常
井道、对重、轿顶各反绳轮轴承部	无异常声响，无振动，润滑良好
悬挂装置、补偿绳	磨损量、断丝数不超过要求
绳头组合	螺母无松动
限速器钢丝绳	磨损量、断丝数不超过制造单位要求
层门、轿门门扇	门扇各相关间隙符合标准值
轿门开门限制装置	工作正常
对重缓冲距离	符合标准值
补偿链（绳）与轿厢、对重接合处	固定，无松动
上、下极限开关	工作正常

A4　年度维护保养项目（内容）和要求

年度维护保养项目（内容）和要求除符合 A3 半年维护保养的项目（内容）和要求外，还应当符合表 A-4 的项目（内容）和要求。

表 A-4　　年度维护保养项目（内容）和要求

维护保养项目（内容）	维护保养基本要求
减速机润滑油	按照制造单位要求适时更换，保证油质符合要求
控制柜接触器、继电器触点	接触良好
制动器铁芯（柱塞）	进行清洁、润滑、检查，磨损量不超过制造单位要求
制动器制动能力	符合制造单位要求，保持有足够的制动力，必要时进行轿厢装载 125% 额定载重量的制动试验
导电回路绝缘性能测试	符合标准
限速器安全钳联动试验（对于使用年限不超过 15 年的限速器，每 2 年进行一次限速器动作速度校验；对于使用年限超过 15 年的限速器，每年进行一次限速器动作速度校验）	工作正常
上行超速保护装置动作试验	工作正常
轿厢意外移动保护装置动作试验	工作正常
轿顶、轿厢架、轿门及其附件安装螺栓	紧固
轿厢和对重/平衡重的导轨支架	固定，无松动
轿厢和对重/平衡重的导轨	清洁，压板牢固
随行电缆	无损伤
层门装置和地坎	无影响正常使用的变形，各安装螺栓紧固
轿厢称重装置	准确有效
安全钳钳座	固定，无松动
轿底各安装螺栓	紧固
缓冲器	固定，无松动

注 A-1：如果某些电梯没有表中的项目（内容），如有的电梯不含有某种部件，项目（内容）可适当进行调整（下同）。

注 A-2：维护保养项目（内容）和要求中对测试、试验有明确规定的，应当按照规定进行测试、试验，没有明确规定的，一般为检查、调整、清洁和润滑（下同）。

注 A-3：维护保养基本要求中，规定为“符合标准值”的，是指符合对应的国家标准、行业标准和制造单位要求（下同）。

注 A-4：维护保养基本要求，规定为“制造单位要求”的，按照制造单位的要求，其他没有明确的“要求”的，应当为安全技术规范、标准或者制造单位等的要求（下同）。

附件 B　液压驱动电梯维护保养项目（内容）和要求

B1　半月维护保养项目（内容）和要求

半月维护保养项目（内容）和要求见表 B-1。

表 B-1　　半月维护保养项目（内容）和要求

维护保养项目（内容）	维护保养基本要求
机房环境	清洁，室温符合要求，门窗完好，照明正常
机房内手动泵操作装置	齐全，在指定位置
油箱	油量、油温正常，无杂质、无漏油现象
电动机	运行时无异常振动和异常声响
层门和轿门旁路装置	工作正常
阀、泵、消音器、油管、表、接口等部件	无漏油现象
编码器	清洁，安装牢固
轿顶	清洁，防护栏安全可靠
轿顶检修开关、停止装置	工作正常
导靴上油杯	吸油毛毡齐全，油量适宜，油杯无泄漏
井道照明	齐全，正常
限速器各销轴部位	润滑，转动灵活，电气开关正常
轿厢照明、风扇、应急照明	工作正常
轿厢检修开关、停止装置	工作正常
轿内报警装置、对讲系统	正常
轿内显示、指令按钮	齐全，有效
轿门防撞击保护装置（安全触板，光幕、光电等）	功能有效
轿门门锁触点	清洁，触点接触良好，接线可靠
轿门运行	开启和关闭工作正常
轿厢平层准确度	符合标准值
层站召唤、层楼显示	齐全，有效
层门地坎	清洁
层门自动关门装置	正常
层门门锁自动复位	用层门钥匙打开手动开锁装置释放后，层门门锁能自动复位
层门门锁电气触点	清洁，触点接触良好，接线可靠
层门锁紧元件啮合长度	不小于 7 mm
底坑	清洁，无渗水、积水，照明正常
底坑停止装置	工作正常
液压柱塞	无漏油，运行顺畅，柱塞表面光滑
井道内液压油管、接口	无漏油

B2　季度维护保养项目（内容）和要求

季度维护保养项目（内容）和要求除符合 B1 半月维护保养的项目（内容）和要求外，还应当符合表 B-2 的项目（内容）和要求。

表 B-2　　季度维护保养项目（内容）和要求

维护保养项目（内容）	维护保养基本要求
安全溢流阀（在油泵与单向阀之间）	其工作压力不得高于满负荷压力的 170%
手动下降阀	通过下降阀动作，轿厢能下降；系统压力小于该阀最小操作压力时，手动操作应无效（间接式液压电梯）
手动泵	通过手动泵动作，轿厢被提升；相连接的溢流阀工作压力不得高于满负荷压力的 2.3 倍
油温监控装置	功能可靠
限速器轮槽、限速器钢丝绳	清洁，无严重油腻
验证轿门关闭的电气安全装置	工作正常
轿厢侧靴衬、滚轮	磨损量不超过制造单位要求
柱塞侧靴衬	清洁，磨损量不超过制造单位要求
层门、轿门系统中传动钢丝绳、链条、胶带	按照制造单位要求进行清洁、调整
层门门导靴	磨损量不超过制造单位要求
消防开关	工作正常，功能有效
耗能缓冲器	电气安全装置功能有效，油量适宜，柱塞无锈蚀
限速器张紧轮装置和电气安全装置	工作正常

B3　半年维护保养项目（内容）和要求

半年维护保养项目（内容）和要求除符合 B2 季度维护保养的项目（内容）和要求外，还应当符合表 B-3 的项目（内容）和要求。

表 B-3　　半年维护保养项目（内容）和要求

维护保养项目（内容）	维护保养基本要求
控制柜内各接线端子	各接线紧固，整齐，线号齐全清晰
控制柜	各仪表显示正确
导向轮	轴承部无异常声响
悬挂钢丝绳	磨损量、断丝数未超过要求
悬挂钢丝绳绳头组合	螺母无松动
限速器钢丝绳	磨损量、断丝数不超过制造单位要求
柱塞限位装置	符合要求
上、下极限开关	工作正常
柱塞、消音器放气操作	符合要求

B4　年度维护保养项目（内容）和要求

年度维护保养项目（内容）和要求除符合 B3 半年维护保养的项目（内容）和要求外，还应当符合表 B-4 的项目（内容）和要求。

表 B-4　　年度维护保养项目（内容）和要求

维护保养项目（内容）	维护保养基本要求
控制柜接触器、继电器触点	接触良好
动力装置各安装螺栓	紧固
导电回路绝缘性能测试	符合标准值
限速器安全钳联动试验（每 2 年进行一次限速器动作速度校验）	工作正常
随行电缆	无损伤
层门装置和地坎	无影响正常使用的变形，各安装螺栓紧固
轿顶、轿厢架、轿门及附件安装螺栓	紧固
轿厢称重装置	准确有效
安全钳钳座	固定，无松动
轿厢及油缸导轨支架	牢固
轿厢及油缸导轨	清洁，压板牢固
轿底各安装螺栓	紧固
缓冲器	固定，无松动
轿厢沉降试验	符合标准值

附件 C　杂物电梯维护保养项目（内容）和要求

C1　半月维护保养项目（内容）和要求

半月维护保养项目（内容）和要求见表 C-1。

表 C-1　　半月维护保养项目（内容）和要求

维护保养项目（内容）	维护保养基本要求
机房、通道环境	清洁，门窗完好，照明正常
手动紧急操作装置	齐全，在指定位置
驱动主机	运行时无异常振动和异常声响
制动器各销轴部位	润滑，动作灵活
制动器间隙	打开时制动衬与制动轮不发生摩擦
限速器各销轴部位	润滑，转动灵活，电气开关正常
轿顶	清洁

续表

维护保养项目（内容）	维护保养基本要求
轿顶停止装置	工作正常
导靴上油杯	吸油毛毡齐全，油量适宜，油杯无泄漏
对重/平衡重块及压板	对重/平衡重块无松动，压板紧固
井道照明	齐全，正常
轿门门锁触点	清洁，触点接触良好，接线可靠
层站召唤、层楼显示	齐全，有效
层门地坎	清洁
层门门锁自动复位	用层门钥匙打开手动开锁装置释放后，层门门锁能自动复位
层门门锁电气触点	清洁，触点接触良好，接线可靠
层门锁紧元件啮合长度	不小于 5 mm
层门门导靴	无卡阻，滑动顺畅
底坑环境	清洁，无渗水、积水，照明正常
底坑停止装置	工作正常

C2　季度维护保养项目（内容）和要求

季度维护保养项目（内容）和要求除符合 C1 半月维护保养的项目（内容）和要求外，还应当符合表 C-2 的项目（内容）和要求。

表 C-2　　季度维护保养项目（内容）和要求

维护保养项目（内容）	维护保养基本要求
减速机润滑油	油量适宜，除蜗杆伸出端外均无渗漏
制动衬	清洁，磨损量不超过制造单位要求
曳引轮槽、悬挂装置	清洁，无严重油腻，张力均匀
限速器轮槽、限速器钢丝绳	清洁，无严重油腻
靴衬	清洁，磨损量不超过制造单位要求
层门、轿门系统中传动钢丝绳、链条、传动带	按照制造单位要求进行清洁、调整
层门门导靴	磨损量不超过制造单位要求
限速器张紧轮装置和电气安全装置	工作正常

C3　半年维护保养项目（内容）和要求

半年维护保养项目（内容）和要求除符合 C2 季度维护保养的项目（内容）和要求外，还应当符合表 C-3 的项目（内容）和要求。

表 C-3　半年维护保养项目（内容）和要求

维护保养项目（内容）	维护保养基本要求
电动机与减速机联轴器	连接无松动，弹性元件外观良好，无老化等现象
曳引轮、导向轮轴承部	无异常声响，无振动，润滑良好
制动器上检测开关	工作正常，制动器动作可靠
控制柜内各接线端子	各接线紧固、整齐，线号齐全清晰
控制柜各仪表	显示正确
悬挂装置	磨损量、断丝数未超过要求
绳头组合	螺母无松动
限速器钢丝绳	磨损量、断丝数不超过制造单位要求
对重缓冲距离	符合标准值
上、下极限开关	工作正常

C4　年度维护保养项目（内容）和要求

年度维护保养项目（内容）和要求除符合 C3 半年维护保养的项目（内容）和要求外，还应当符合表 C-4 的项目（内容）和要求。

表 C-4　年度维护保养项目（内容）和要求

维护保养项目（内容）	维护保养基本要求
减速机润滑油	按照制造单位要求适时更换，油质符合规定
控制柜接触器、继电器触点	接触良好
制动器铁芯（柱塞）	分解进行清洁、润滑、检查，磨损量不超过制造单位规定
制动器制动弹簧压缩量	符合制造单位要求，保持有足够的制动力
导电回路绝缘性能测试	符合标准值
限速器安全钳联动试验（每 5 年进行一次限速器动作速度校验））	工作正常
轿顶、轿厢架、轿门及附件安装螺栓	紧固
轿厢及对重/平衡重导轨支架	固定，无松动
轿厢及对重/平衡重导轨	清洁，压板牢固
随行电缆	无损伤
层门装置和地坎	无影响正常使用的变形，各安装螺栓紧固
安全钳钳座	固定，无松动
轿底各安装螺栓	紧固
缓冲器	固定，无松动

附件 D　自动扶梯和自动人行道维护保养项目（内容）和要求

D1　半月维护保养项目（内容）和要求

半月维护保养项目（内容）和要求见表 D-1。

表 D-1 半月维护保养项目（内容）和要求

维护保养项目（内容）	维护保养基本要求
电器部件	清洁，接线有效
故障显示板	信号功能正常
设备运行状况	正常，没有异常声响和抖动
主驱动链	运转正常，电气安全保护装置动作有效
制动器机械装置	清洁，动作正常
制动器状态监测开关	工作正常
减速机润滑油	油量适宜，无渗油
电机通风口	清洁
检修控制装置	工作正常
自动润滑油罐油位	油位正常，润滑系统工作正常
梳齿板开关	工作正常
梳齿板照明	照明正常
梳齿板梳齿与踏板面齿槽、导向胶带	梳齿板完好无损，梳齿板梳齿与踏板面齿槽、导向胶带啮合正常
梯级或者踏板下陷开关	工作正常
梯级或者踏板缺失监测装置	工作正常
超速或非操纵逆转监测装置	工作正常
检修盖板和楼层板	防倾覆或者翻转措施和监控装置有效、可靠
梯级链张紧开关	位置正确，动作正常
防护挡板	有效，无破损
梯级滚轮和梯级导轨	工作正常
梯级、踏板与围裙板之间的间隙	任何一侧的水平间隙及两侧间隙之和符合标准值
运行方向显示	工作正常
扶手带入口处保护开关	动作灵活可靠，清除入口处垃圾
扶手带	表面无毛刺，无机械损伤，运行无摩擦
扶手带运行	速度正常
扶手护壁板	牢固可靠
上下出入口处的照明	工作正常
上下出入口和扶梯之间保护栏杆	牢固可靠
出入口安全警示标志	齐全，醒目
分离机房、各驱动和转向站	清洁，无杂物
自动运行功能	工作正常
紧急停止开关	工作正常
驱动主机的固定	牢固可靠

D2　季度维护保养项目（内容）和要求

季度维护保养项目（内容）和要求除符合 D1 半月维护保养的项目（内容）和要求外，还应当符合表 D-2 的项目（内容）和要求。

表 D-2　季度维护保养项目（内容）和要求

维护保养项目（内容）	维护保养基本要求
扶手带的运行速度	相对于梯级、踏板或者胶带的速度允差为 0~2%
梯级链张紧装置	工作正常
梯级轴衬	润滑有效
梯级链润滑	运行工况正常
防灌水保护装置	动作可靠（雨季到来之前必须完成）

D3　半年维护保养项目（内容）和要求

半年维护保养项目（内容）和要求除符合 D2 季度维护保养的项目（内容）和要求外，还应当符合表 D-3 的项目（内容）和要求。

表 D-3　半年维护保养项目（内容）和要求

维护保养项目（内容）	维护保养基本要求
制动衬厚度	不小于制造单位要求
主驱动链	清理表面油污，润滑
主驱动链链条滑块	清洁，厚度符合制造单位要求
电动机与减速机联轴器	连接无松动，弹性元件外观良好，无老化等现象
空载向下运行制动距离	符合标准值
制动器机械装置	润滑，工作有效
附加制动器	清洁和润滑，功能可靠
减速机润滑油	按照制造单位的要求进行检查、更换
调整梳齿板梳齿与踏板面齿槽啮合深度和间隙	符合标准值
扶手带张紧度张紧弹簧负荷长度	符合制造单位要求
扶手带速度监控系统	工作正常
梯级踏板加热装置	功能正常，温度感应器接线牢固（冬季到来之前必须完成）

D4　年度维护保养项目（内容）和要求

年度维护保养项目（内容）和要求除符合 D3 半年维护保养的项目（内容）和要求外，还应当符合表 D-4 的项目（内容）和要求。

表 D-4　　年度维护保养项目（内容）和要求

维护保养项目（内容）	维护保养基本要求
主接触器	工作可靠
主机速度检测功能	功能可靠，清洁感应面，感应间隙符合制造单位要求
电缆	无破损，固定牢固
扶手带托轮、滑轮群、防静电轮	清洁，无损伤，托轮转动平滑
扶手带内侧凸缘处	无损伤，清洁扶手导轨滑动面
扶手带断带保护开关	功能正常
扶手带导向块和导向轮	清洁，工作正常
进入梳齿板处的梯级与导轮的轴向窜动量	符合制造单位要求
内外盖板连接	紧密牢固，连接处的凸台、缝隙符合制造单位要求
围裙板安全开关	测试有效
围裙板对接处	紧密平滑
电气安全装置	动作可靠
设备运行状况	正常，梯级运行平稳，无异常抖动，无异常声响

六、《特种设备使用管理规则》的相关规定

《特种设备使用管理规则》（TSG 08—2017）于 2017 年 1 月 16 日以《质检总局关于发布〈特种设备使用管理规则〉等 3 个安全技术规范及 4 个修改单的公告（2017 年第 4 号）》发布，2017 年 8 月 1 日起施行。《特种设备注册登记与使用管理规则》（质技监局锅发〔2001〕57 号）自 2017 年 8 月 1 日废止。有关规定摘录如下：

1　总则

1.2　适用范围

本规则适用于《特种设备目录》范围内特种设备的安全与节能管理。

1.3　使用单位主体责任

特种设备使用单位应当按照本规则规定，负责特种设备安全与节能管理，承担特种设备使用安全与节能主体责任。

1.4　监督管理

1.4.1　职责分工

县级以上地方各级人民政府负责特种设备安全监督管理的部门（以下简称特种设备安全监管部门）对本行政区域内特种设备使用安全、高耗能特种设备节能实施监督管理。国家质检总局对全国特种设备使用安全、高耗能特种设备节能的监督管理工作进行监督和指导。

1.4.2　使用登记

特种设备安全监管部门依据法定职责，按照本规则的要求负责办理特种设备使用登记，本规则和其他特种设备安全技术规范（以下简称安全技术规范）明确不需要办理使用登记的特种设备除外。

2 使用单位及其人员

2.1 使用单位含义

2.1.1 一般规定

本规则所指的使用单位，是指具有特种设备使用管理权的单位（注 2-1）或者具有完全民事行为能力的自然人，一般是特种设备的产权单位（产权所有人，下同），也可以是产权单位通过符合法律规定的合同关系确立的特种设备实际使用管理者。特种设备属于共有的，共有人可以委托物业服务单位或者其他管理人管理特种设备，受托人是使用单位；共有人未委托的，实际管理人是使用单位；没有实际管理人的，共有人是使用单位。

特种设备用于出租的，出租期间，出租单位是使用单位；法律另有规定或者当事人合同约定的，从其规定或者约定。

注 2-1：单位包括公司、子公司、机关事业单位、社会团体等具有法人资格的单位和具有营业执照的分公司、个体工商户等。

2.2 使用单位主要义务

特种设备使用单位主要义务如下：

（1）建立并且有效实施特种设备安全管理制度和高耗能特种设备节能管理制度，以及操作规程；

（2）采购、使用取得许可生产（含设计、制造、安装、改造、修理，下同），并且经检验合格的特种设备，不得采购超过设计使用年限的特种设备，禁止使用国家明令淘汰和已经报废的特种设备；

（3）设置特种设备安全管理机构，配备相应的安全管理人员和作业人员，建立人员管理台账，开展安全与节能培训教育，保存人员培训记录；

（4）办理使用登记，领取《特种设备使用登记证》（格式见附件 A，以下简称使用登记证），设备注销时交回使用登记证；

（5）建立特种设备台账及技术档案；

（6）对特种设备作业人员作业情况进行检查，及时纠正违章作业行为；

（7）对在用特种设备进行经营性维护保养和定期自行检查，及时排查和消除事故隐患，对在用特种设备的安全附件、安全保护装置及其附属仪器仪表进行定期校验（检定、校准，下同）、检修，及时提出定期检验和能效测试申请，接受定期检验和能效测试，并且做好相关配合工作；

（8）制定特种设备事故应急预案，定期进行应急演练，发生事故及时上报，配合事故调查处理等；

（9）保证特种设备安全、节能必要的投入；

（10）法律、法规规定的其他义务。

使用单位应当接受特种设备安全监管部门依法实施的监督检查。

2.3 特种设备安全管理机构

2.3.1 职责

特种设备安全管理机构是指使用单位中承担特种设备安全管理职责的内设机构。高耗能特种设备使用单位可以将节能管理职责交由特种设备安全管理机构承担。

特种设备安全管理机构的职责是贯彻执行特种设备有关法律、法规和安全技术规范及相关标准，负责落实使用单位的主要义务；承担高耗能特种设备节能管理职责的机构，还应当负责开展日常节能检查，落实节能责任制。

2.3.2　机构设置

符合下列条件之一的特种设备使用单位，应当根据本单位特种设备的类别、品种、用途、数量等情况设置特种设备安全管理机构，逐台落实安全责任人：

…… ……

（2）使用为公众提供运营服务电梯的（注2-2），或者在公众聚集场所（注2-3）使用30台以上（含30台）电梯的；

…… ……

（5）使用特种设备（不含气瓶）总量50台以上（含50台）的。

注2-2：为公众提供运营服务的特种设备使用单位，是指以特种设备作为经营工具的使用单位。

注2-3：公众聚集场所，是指学校、幼儿园、医疗机构、车站、机场、客运码头、商场、餐饮场所、体育场馆、展览馆、公园、宾馆、歌剧院、图书馆、儿童活动中心、公共浴池、养老机构等。

2.4　管理人员和作业人员

2.4.1　主要负责人

主要负责人是指特种设备使用单位的实际最高管理者，对其单位所使用的特种设备安全节能负总责。

2.4.2　安全管理人员

2.4.2.1　安全管理负责人

特种设备使用单位应当配备安全管理负责人。特种设备安全管理负责人是指使用单位最高管理层中主管本单位特种设备使用安全管理的人员。按照本规则要求设置安全管理机构的使用单位安全管理负责人，应当取得相应的特种设备安全管理人员资格证书。

安全管理负责人职责如下：

（1）协助主要负责人履行本单位特种设备安全的领导职责，确保本单位特种设备的安全使用；

（2）宣传、贯彻《中华人民共和国特种设备安全法》以及有关法律、法规、规章和安全技术规范；

（3）组织制定本单位特种设备安全管理制度，落实特种设备安全管理机构设置、安全管理员配备；

（4）组织制定特种设备事故应急专项预案，并且定期组织演练；

（5）对本单位特种设备安全管理工作实施情况进行检查；

（6）组织进行隐患排查，并且提出处理意见；

（7）当安全管理员报告特种设备存在事故隐患应当停止使用时，立即作出停止使用特种设备的决定，并且及时报告本单位主要负责人。

2.4.2.2　安全管理员

2.4.2.2.1　安全管理员职责

特种设备安全管理员是指具体负责特种设备使用安全管理的人员。

安全管理员的主要职责如下：

（1）组织建立特种设备安全技术档案；

（2）办理特种设备使用登记；

（3）组织制定特种设备操作规程；

（4）组织开展特种设备安全教育和技能培训；

（5）组织开展特种设备定期自行检查；

（6）编制特种设备定期检验计划，督促落实定期检验和隐患治理工作；

（7）按照规定报告特种设备事故，参加特种设备事故救援，协助进行事故调查和善后处理；

（8）发现特种设备事故隐患，立即进行处理，情况紧急时，可以决定停止使用特种设备，并且及时报告本单位安全管理负责人；

（9）纠正和制止特种设备作业人员的违章行为。

2.4.2.2.2　安全管理人员配备

特种设备使用单位应当根据本单位特种设备的数量、特性等配备适当数量的安全管理员。按照本规则要求设置安全管理机构的使用单位以及符合下列条件之一的特种设备使用单位，应当配备专职安全管理员，并且取得相应的特种设备安全管理人员资格证书：

…… ……

（6）使用各类特种设备（不含气瓶）总量20台以上（含20台）的。

除前款规定以外的使用单位可以配备兼职安全管理员，也可以委托具有特种设备安全管理人员资格的人员负责使用管理，但是特种设备安全使用的责任主体仍然是使用单位。

2.4.4　作业人员

2.4.4.1　作业人员职责

特种设备作业人员应当取得相应的特种设备作业人员资格证书，其主要职责如下：

（1）严格执行特种设备有关安全管理制度，并且按照操作规程进行操作；

（2）按照规定填写作业、交接班等记录；

（3）参加安全教育和技能培训；

（4）进行经常性维护保养，对发现的异常情况及时处理，并且作出记录；

（5）作业过程中发现事故隐患或者其他不安全因素，应当立即采取紧急措施，并且按照规定的程序向特种设备安全管理人员和单位有关负责人报告；

（6）参加应急演练，掌握相应的应急处置技能。

…… ……

2.4.4.2　作业人员配备

特种设备使用单位应当根据本单位特种设备数量、特征等配备相应持证的特种设备作业人员，并且在使用特种设备时应当保证每班至少有一名持证的作业人员在岗。有关安全技术规范对特种设备作业人员有特殊规定的，从其规定。

医院病床电梯、直接用于旅游观光的额定速度大于2.5 m/s的乘客电梯以及需要司机操作的电梯，应当由持有特种设备作业人员证的人员操作。

2.5　特种设备安全与节能技术档案

使用单位应当逐台建立特种设备安全与节能技术档案。

安全技术档案至少包括以下内容：

（1）使用登记证；

（2）《特种设备使用登记表》（格式见附件 B，以下简称使用登记表）；

（3）特种设备设计、制造技术资料和文件，包括设计文件、产品质量合格证明（含合格证及其数据表、质量证明书）、安装及使用维护保养说明、监督检验证书、型式试验证书等；

（4）特种设备安装、改造和修理的方案、图样（注 2-4）、材料质量证明书和施工质量证明文件、安装改造修理监督检验报告、验收报告等技术资料；

（5）特种设备定期自行检查记录（报告）和定期检验报告；

（6）特种设备日常使用状况记录；

（7）特种设备及其附属仪器仪表维护保养记录；

（8）特种设备安全附件和安全保护装置校验、检修、更换记录和有关报告；

（9）特种设备运行故障和事故记录及事故处理报告。

…… ……

使用单位应当在设备使用地保存 2.5 中（1）（2）（5）（6）（7）（8）（9）规定的资料……的原件或者复印件，以便备查。

…… ……

2.6　安全节能管理制度和操作规程

2.6.1　安全节能管理制度

特种设备使用单位应当按照特种设备相关法律、法规、规章和安全技术规范的要求，建立健全特种设备使用安全节能管理制度。

管理制度至少包括以下内容：

（1）特种设备安全管理机构（需要设置时）和相关人员的岗位职责；

（2）特种设备经常性维护保养、定期自行检查和有关记录制度；

（3）特种设备使用登记、定期检验、锅炉能效测试申请实施管理制度；

（4）特种设备隐患排查治理制度；

（5）特种设备安全管理人员与作业人员管理和培训制度；

（6）特种设备采购、安装、改造、修理、报废等管理制度；

（7）特种设备应急救援管理制度；

（8）特种设备事故报告和处理制度；

（9）高耗能特种设备节能管理制度。

2.6.2　特种设备操作规程

使用单位应当根据所使用设备运行特点等，制定操作规程。操作规程一般包括设备运行参数、操作程序和方法、维护保养要求、安全注意事项、巡回检查和异常情况处置规定，以及相应记录等。

2.7　维护保养与检查

2.7.1　经常性维护保养

使用单位应当根据设备特点和使用状况对特种设备进行经常性维护保养，维护保养应当符合有关安全技术规范和产品使用维护保养说明的要求。对发现的异常情况及时处理，并且作出记录，保证在用特种设备始终处于正常使用状态。

法律对维护保养单位有专门资质要求的，使用单位应当选择具有相应资质的单位实施维护保养。鼓励其他特种设备使用单位选择具有相应能力的专业化、社会化维护保养单位进行维护保养。

2.7.2 定期自行检查

为保证特种设备的安全运行，特种设备使用单位应当根据所使用特种设备的类别、品种和特性进行定期自行检查。

定期自行检查的时间、内容和要求应当符合有关安全技术规范的规定及产品使用维护保养说明的要求。

2.9 安全警示

电梯、客运索道、大型游乐设施的运营使用单位应当将安全使用说明、安全注意事项和安全警示标志置于易于引起乘客注意的位置。

除前款以外的其他特种设备应当根据设备特点和使用环境、场所，设置安全使用说明、安全注意事项和安全警示标志。

2.10 定期检验

（1）使用单位应当在特种设备定期检验有效期届满前的 1 个月以内，向特种设备检验机构提出定期检验申请，并且做好相关的准备工作；

（2）移动式（流动式）特种设备，如果无法返回使用登记地进行定期检验的，可以在异地（指不在使用登记地）进行，检验后，使用单位应当在收到检验报告之日起 30 日内将检验报告（复印件）报送使用登记机关；

（3）定期检验完成后，使用单位应当组织进行特种设备管路连接、密封、附件（含零部件、安全附件、安全保护装置、仪器仪表等）和内件安装、试运行等工作，并且对其安全性负责；

（4）检验结论为合格时（注 2-5），使用单位应当按照检验结论确定的参数使用特种设备。

注 2-5：有关安全技术规范中检验结论为“合格”“复检合格”“符合要求”“基本符合要求”“允许使用”统称为合格。

2.11 隐患排查与异常情况处理

2.11.1 隐患排查

使用单位应当按照隐患排查治理制度进行隐患排查，发现事故隐患应当及时消除，待隐患消除后，方可继续使用。

2.11.2 异常情况处理

特种设备在使用中发现异常情况的，作业人员或者维护保养人员应当立即采取应急措施，并且按照规定的程序向使用单位特种设备安全管理人员和单位有关负责人报告。

使用单位应当对出现故障或者发生异常情况的特种设备及时进行全面检查，查明故障和异常情况原因，并且及时采取有效措施，必要时停止运行，安排检验、检测，不得带病运行、冒险作业，待故障、异常情况消除后，方可继续使用。

2.12 应急预案与事故处置

2.12.1 应急预案

根据本规则要求设置特种设备安全管理机构和配备专职安全管理员的使用单位，应当制定特种设备事故应急专项预案，每年至少演练一次，并且作出记录；其他使用单位可以在综合应急预案中编制特种设备事故应急的内容，适时开展特种设备事故应急演练，并且作出记录。

2.12.2　事故处置

发生特种设备事故的使用单位，应当根据应急预案，立即采取应急措施，组织抢救，防止事故扩大，减少人员伤亡和财产损失，并且按照《特种设备事故报告和调查处理规定》的要求，向特种设备安全监管部门和有关部门报告，同时配合事故调查和做好善后处理工作。

发生自然灾害危及特种设备安全时，使用单位应当立即疏散、撤离有关人员，采取防止危害扩大的必要措施，同时向特种设备安全监管部门和有关部门报告。

2.13　移装

特种设备移装后，使用单位应当办理使用登记变更。整体移装的，使用单位应当进行自行检查；拆卸后移装的，使用单位应当选择取得相应许可的单位进行安装。按照有关安全技术规范要求，拆卸后移装需要进行检验的，应当向特种设备检验机构申请检验。

2.14　达到设计使用年限的特种设备

特种设备达到设计使用年限，使用单位认为可以继续使用的，应当按照安全技术规范及相关产品标准的要求，经检验或者安全评估合格，由使用单位安全管理负责人同意、主要负责人批准，办理使用登记变更后，方可继续使用。允许继续使用的，应当采取加强检验、检测和维护保养等措施，确保使用安全。

3　使用登记

3.1　一般要求

（1）特种设备在投入使用前或者投入使用后30日内，使用单位应当向特种设备所在地的直辖市或者设区的市的特种设备安全监管部门申请办理使用登记，办理使用登记的直辖市或者设区的市的特种设备安全监管部门，可以委托其下一级特种设备安全监管部门（以下简称登记机关）办理使用登记；对于整机出厂的特种设备，一般应当在投入使用前办理使用登记；

（2）流动作业的特种设备，向产权单位所在地的登记机关申请办理使用登记；

…… ……

（5）国家明令淘汰或者已经报废的特种设备，不符合安全性能或者能效指标要求的特种设备，不予办理使用登记。

3.2　登记方式

3.2.1　按台（套）办理使用登记的特种设备

……电梯……应当按台（套）向登记机关办理使用登记……

3.4　使用登记程序

使用登记程序，包括申请、受理、审查和颁发使用登记证。

3.4.1　申请

3.4.1.1　按台（套）办理

使用单位申请办理特种设备使用登记时，应当逐台（套）填写使用登记表，向登记机关提交以下相应资料，并且对其真实性负责：

（1）使用登记表（一式两份）；

（2）含有使用单位统一社会信用代码的证明或者个人身份证明（适用于公民个人所有的特种设备）；

（3）特种设备产品合格证（含产品数据表……）；

（4）特种设备监督检验证明（安全技术规范要求进行使用前首次检验的特种设备，应当提交使用前的首次检验报告）；

…… ……

没有产品数据表的特种设备，登记机关可以参照已有特种设备产品数据表的格式，制定其特种设备产品数据表，由使用单位根据产品出厂的相应资料填写。

可以采用网上申报系统进行使用登记。

3.4.2　受理

登记机关收到使用单位提交的申请资料后，能够当场办理的，应当当场作出受理或者不予受理的书面决定；不能当场办理的，应当在5个工作日内作出受理或者不予受理的书面决定。申请资料不齐或者不符合规定时，应当一次性告知需要补正的全部内容。

3.4.3　审查及发证

自受理之日起15个工作日内，登记机关应当完成审查、发证或者出具不予登记的决定，对于一次申请登记数量超过50台或者按单位办理使用登记的可以延长至20个工作日。不予登记的，出具不予登记的决定，并且书面告知不予登记的理由。

登记机关对申请资料有疑问的，可以对特种设备进行现场核查。进行现场核查的，办理使用登记日期可以延长至20个工作日。

准予登记的特种设备，登记机关应当按照《特种设备使用登记证编号编制方法》（见附录a）编制使用登记证编号，签发使用登记证，并且在使用登记表最后一栏签署意见、盖章。

3.5　资料及信息

…… ……

采用纸质申报方式进行使用登记的，登记机关应当将特种设备产品合格证及其产品数据表复印一份，与使用登记表一同存档，并且将使用单位申请登记时提交的资料交还使用单位。

3.6　定期检验日期的确定

首次定期检验的日期和实施改造、拆卸移装后的定期检验日期，由使用单位根据安全技术规范、监督检验报告和使用情况确定。

3.8　变更登记

按台（套）登记的特种设备改造、移装、变更使用单位或者使用单位更名、达到设计使用年限继续使用的，……相关单位应当向登记机关申请变更登记。登记机关按照本规则3.8.1至3.8.5的规定办理变更登记。

办理特种设备变更登记时，如果特种设备产品数据表中的有关数据发生变化，使用单位应当重新填写产品数据表。变更登记后的特种设备，其设备代码保持不变。

3.8.1　改造变更

特种设备改造完成后，使用单位应当在投入使用前或者投入使用后30日内向登记机关提交原使用登记证、重新填写的使用登记表（一式两份）、改造质量证明资料以及改造监督检验证书（需要监督检验的），申请变更登记，领取新的使用登记证。登记机关应当在原使用登记证和原使用登记表上作注销标记。

3.8.2 移装变更

3.8.2.1 在登记机关行政区域内移装

在登记机关行政区域内移装的特种设备，使用单位应当在投入使用前向登记机关提交原使用登记证、重新填写的使用登记表（一式两份）和移装后的检验报告（拆卸移装的），申请变更登记，领取新的使用登记证。登记机关应当在原使用登记证和原使用登记表上作注销标记。

3.8.2.2 跨登记机关行政区域移装

（1）跨登记机关行政区域移装特种设备的，使用单位应当持原使用登记证和使用登记表向原登记机关申请办理注销；原登记机关应当注销使用登记证，并且在原使用登记证和原使用登记表上作注销标记，向使用单位签发《特种设备使用登记证变更证明》（格式见附件E）；

（2）移装完成后，使用单位应当在投入使用前，持《特种设备使用登记证变更证明》、标有注销标记的原使用登记表和移装后的检验报告（拆卸移装的），按照本规则3.4、3.5的规定向移装地登记机关重新申请使用登记。

3.8.3 单位变更

（1）特种设备需要变更使用单位，原使用单位应当持原使用登记证、使用登记表和有效期内的定期检验报告到登记机关办理变更；或者产权单位凭产权证明文件，持原使用登记证、使用登记表和有效期内的定期检验报告到登记机关办理变更；登记机关应当在原使用登记证和原使用登记表上作注销标记，签发《特种设备使用登记证变更证明》；

（2）新使用单位应当在投入使用前或者投入使用后30日内，持《特种设备使用登记证变更证明》、标有注销标记的原使用登记表和有效期内的定期检验报告，按照本规则3.4、3.5要求重新办理使用登记。

3.8.4 更名变更

使用单位或者产权单位名称变更时，使用单位或者产权单位应当持原使用登记证、单位名称变更的证明资料，重新填写使用登记表（一式两份），到登记机关办理更名变更，换领新的使用登记证。2台以上批量变更的，可以简化处理。登记机关在原使用登记证和原使用登记表上作注销标记。

3.8.5 达到设计使用年限继续使用的变更

使用单位对达到设计使用年限继续使用的特种设备，使用单位应当持原使用登记证、按照本规则2.14规定办理的相关证明材料，到登记机关申请变更登记。登记机关应当在原使用登记证右上方标注“超设计使用年限”字样。

3.8.6 不得申请办理移装变更、单位变更的情况

有下列情形之一的特种设备，不得申请办理移装变更、单位变更：

（1）已经报废或者国家明令淘汰的；

（2）进行过非法改造、修理的；

（3）无本规则2.5中（3）（4）规定的技术资料的；

（4）达到设计使用年限的；

（5）检验结论为不合格或者能效测试结果不满足法规、标准要求的。

3.9　停用

特种设备停用1年以上的，使用单位应当采取有效的保护措施，并且设置停用标志，在停用后30日内填写《特种设备停用报废注销登记表》（格式见附件F），告知登记机关。重新启用时，使用单位应当进行自行检查，到使用登记机关办理启用手续；超过定期检验有效期的，应当按照定期检验的有关要求进行检验。

3.10　报废

对存在严重事故隐患，无改造、修理价值的特种设备，或者达到安全技术规范规定的报废期限的，应当及时予以报废，产权单位应当采取必要措施消除该特种设备的使用功能。特种设备报废时，按台（套）登记的特种设备应当办理报废手续，填写《特种设备停用报废注销登记表》，向登记机关办理报废手续，并且将使用登记证交回登记机关。

非产权所有者的使用单位经产权单位授权办理特种设备报废注销手续时，需提供产权单位的书面委托或者授权文件。

使用单位和产权单位注销、倒闭、迁移或者失联，未办理特种设备注销手续的，使用登记机关可以采用公告的方式停用或者注销相关特种设备。

3.11　使用标志

（1）特种设备（车用气瓶除外）使用登记标志与定期检验标志合二为一，统一为《特种设备使用标志》（格式见附件G式样一、式样二）。

…… ……

4　附则

4.1　其他要求

特种设备使用管理除满足本规则的要求外，还应满足有关安全技术规范的专项要求。

不涉及公共安全的个人（家庭）自用的特种设备不属于本规则管辖范围。

4.4　施行时间

本规则自2017年8月1日起施行，以下安全技术规范同时废止：

…… ……

（2）2009年5月8日，国家质检总局颁布的《电梯使用管理与维护保养规则》（TSG T5001—2009）。

…… ……

附件G中特种设备使用标志（式样二）

说明：

…… ……

2.《特种设备使用标志》固定在电梯轿厢（或者扶梯、人行道出入口）易于乘客看见的部位。

…… ……